你的成就来自不变

NI DE
CHENGJIU
LAIZI BUBIAN

孙国生◎著

北方文艺出版社
哈尔滨

图书在版编目（C I P）数据

你的成就来自不变 / 孙国生著 . -- 哈尔滨 : 北方文艺出版社 , 2022.5

ISBN 978-7-5317-5486-2

Ⅰ . ①你… Ⅱ . ①孙… Ⅲ . ①成功心理 – 通俗读物 Ⅳ . ① B848.4-49

中国版本图书馆 CIP 数据核字 (2022) 第 041569 号

你 的 成 就 来 自 不 变
NI DE CHENGJIU LAIZI BUBIAN

作　　者 / 孙国生
责任编辑 / 富翔强　　装帧设计 / 树上微出版

出版发行 / 北方文艺出版社　　邮　　编 / 150008
发行电话 / (0451) 86825533　　经　　销 / 新华书店
地　　址 / 哈尔滨市南岗区宣庆小区 1 号楼　　网　　址 / www.bfwy.com

印　　刷 / 湖北金港彩印有限公司　　开　　本 / 880 × 1230　1/32
字　　数 / 171 千　　印　　张 / 8.25
版　　次 / 2022 年 5 月第 1 版　　印　　次 / 2022 年 5 月第 1 次印刷

书　　号 / ISBN 978-7-5317-5486-2　　定　　价 / 88.00 元

序言一

这本书想要告诉读者的有三点：

第一，认清自己的变与不变；

第二，集中精力发挥自己的优势；

第三，选择追求幸福。

本书的核心观点就是对自我的认知——认清自己的变与不变。

很多人都有先改变自己，再改变世界的想法，但是，每个人的特质中，有些是可以改变的，而有些则是不能改变的。

为什么会得出这样的结论呢？

得出这一结论的推理过程比较复杂，但是想要验证这一结论却很简单，我们可以通过反证法简单地推理一下，如果一个人的所有特质都是可变的会怎么样？那么每个人都可以改变自己，每个人都会有很大概率成为他想要的那个样子，从内在的睿智聪明、性格和善，到外在的举止优雅、形貌昳丽。但事实如何呢？谁又真正能够成为自己想要的样子？

另一方面，人类本质上也是动物的一种，如果人是可变的，那么动物也是可变的，老虎会变吗？进化了这么多年也没见它们戴上墨镜吃起汉堡，到现在为止，这种场景只能在动画片里看到。

我们知道，人身上的某些特质是不可改变的，在此基础上，我们就能够理解序言二中奇葩人、奇葩事了，因为他就是那样的，他做那样的事很正常，就像猫抓老鼠不是因为恨，老虎吃猪不是因为饿，有一些东西是不会改变的，一个人，一个组织，一个群体，本质就是那样，改变的是环境和外在表现形式，没改变的是内心的本质，那所谓人的变化又从何谈起呢？抱怨的人依旧抱怨，容忍的人一直容忍，努力的人一直努力，不曾改变。

对于可以改变的范围，积极成长，扩大空间，坚持终身学习，做更好的自己。

对于不可改变的性情，应该专注发挥自己的优势，每个人都有自己的优势和劣势，人们的迷茫往往来自不知道自己的优势和不承认自己的劣势。或者多数人更大的精力都放在弥补自己的不足上，实际上能够取得成就的人，往往来自自我优势的充分体现，不要在不擅长的事情上耗费过多的精力，有些事情即使你全力以赴也比不上别人，承认差距，承认天赋，皆可以做最好的自己，又可以更宽容地接受他人。

人们总是喜新厌旧，总是追求潮流，但多年后发现只有那些坚持“不变”的人才取得了非凡的成就，这就是十年磨一剑和一万小时定律的底层逻辑，在嘈杂的环境里保持一种宁静，在诱惑的迷茫中选择坚守，发挥自身不变的优势，坚守自己不变的信念，让希望之灯长明。

多数人很难接受不变的事物，觉得自己可以变成理想的样子，所以才有了盲目地跟风，要么就变成了宿命论，觉得一切早已注定，何必徒增烦恼，消极对待生活。其实人要知命但不能认命，不知命者狂妄，觉得人定胜天，认命者庸俗，觉得天意如此，不可更改，这一切都源自对变与不变的认知，只有改变认知才能改变境遇。针对此问题本书首先从“变”与“不变”展开讨论。

如果你是一个初入社会的小白，如果你是一个混迹职场多年的老手，如果你是一个经历了感情痛苦的“断肠人”，如果你是一个管理者，如果你是一个想洞穿人性，拥抱社会的人，那这本书都是你的首选。

对于大多数初次阅读者来说，读这本书能够有三个层次的收获。

第一个层次，改变错误的认知，知道自己不可能成为下一个谁。正如张国荣所说:“我就是我，是颜色不一样的烟火。”每个人都是独一无二的，具有独一无二的优势，也都有着各自的缺点。

每个人最应该做的，不是花费巨大的精力改变自己的缺点，因为世上没有完美之人，不要老是想着改变自己，改变现状最好的方式是发现自己的优势，承认自己的劣势。

发现自己的优势，从而发挥自己的才干；承认自己的劣势，从而选择适合的舞台。

第二个层次，当解决了思维认知的问题之后，就需要方法论，否则就会像是玻璃罐子里的蜜蜂，前途很光明，但是却无法到达。

简单来说，方法论就是实现目标的途径，由此而来的问题有三个方面：

第一，如何了解和发挥自己的优势？

舜发于畎亩之中，傅说举于版筑之间，胶鬲举于鱼盐之中，管夷吾举于士，孙叔敖举于海，百里奚举于市（《生于忧患，死于安乐》）。历史上经常发生这样的桥段，某个平平无奇，甚至起于微末的人，一旦得到了机会就一飞冲天，成就一番大业。

蜷伏于微末的是他，叱咤风云的就不是他了吗？前后为何差距如此巨大？

人的优势一旦能够发挥，就会有这种翻天覆地的效果。每个人都有优势，但真正难的是如何了解和发挥自己的优势？

就像是韩愈说的："千里马常有，而伯乐不常有。"很多时候我们不能意识到自身的优势所在，更别提发挥它了。

第二，如何规避和弥补自己的劣势？

老话说，人有一缺，必有一绝，反过来也一样，任何伟大的人物都不是完美的，都会有缺点，

有些劣势不可弥补，有些劣势可以弥补，但有必要吗？

正如拿破仑不会因为身高而影响其在历史上的成就；爱迪生不会因为骄傲自负而影响其在科学上的地位……伟大的人之所以伟大不是因为其完美无缺，而是因为其优点足够闪耀，成功者也是同理。

最后，如何看待人与人之间的关系？

在与他人相处时，人们往往容易犯两个错误：过分重视他人或者过分重视自己。

前者容易让自己产生依赖，而后者容易让自己盲目自大，

所以一个人既要学会摆脱对他人的依赖，也要能够认清自己，其实并没有你想象中的那么重要。

第三个层次，选择不变，追求幸福，很多时候，幸福来源于选择，因为有些事情我们虽然无法改变，但是可以选择，就会出现不一样的风景。

很多时候，选择比努力更加重要，正所谓“选择不对，努力白费”。

而选择也有三个层次：

第一个层次，能够明白选择的重要性，在以后的生活中会更加注重选择，从而改变自己的行动方式，正如“菩萨畏因，凡人畏果”，当你能够理解事物的“因”的时候，就更加知道选择的重要性，很多事情也就可以从源头规避，不需要等到结果出现了。这种感悟可以让你更加清楚地看到事物的本质。

如果说第一个层次是感受到选择的力量的话，第二个层次就是当无法选择的时候也能够淡定从容。简而言之，就是知道不能选择的时候该怎么办？

人生在世，因为客观原因和环境限制，总会有些事情是不能选择的，比如环境、家庭、年龄，等等。

当你不能选择的时候，实际上你还是能够选择的，这种选择就是选择相处（或者说是释怀）。

第三个层次，正如看山还是山，看水还是水的境界，这个层次你会发现跳出当下的局限，我们还可以选择未来。

世界上最伟大的事情莫过于做自己的主人，俗话说，人贵有自知之明，人的自知是建立在对自己，对人性，对群体有深刻认知的基础上，这样人才可能做自己的主人。

而这本书中的内容将帮助你建立这样的认知，从而选择自己的未来，真正地做自己的主人（至于什么样才算是做了自己的主人，在后文中会有详细地阐述）。

花大量的篇幅来论述人的变或者不变，其实最重要的是为了让人能够看通透，所谓通透的概念，就是改变能改变的，接受不能改变的。一个人只有知道了可变与不可变，才可能达到这种通透的状态。

这种通透的状态大概就是古人说的“世事洞明，人情练达”吧？

找到了解决这些问题的方法还要看清事物的本质，找到人生的终极目的。

事实上，人生的终极目的很简单，就是奋斗和成长，当一棵树不再成长的时候，也就死了，和它长了多少年有关系吗？和它是什么种类有关系吗？和它现在多粗、多高有关系吗？

没有。

生命的本质就是奋斗，困兽落入陷阱，也会做出最后的斗争，哪怕环境再严苛，植物也会尽力地成长。所有生物都是如此，人又何独例外？

所谓奋斗的状态不是浑浑噩噩，也不是漫无目的地努力，而是向着自己想要的方向“一直有进步，从未被满足”。

年年开花，年年成长，从来不会满足，一棵树长到多大就不会再成长了呢？似乎不会有停止成长的时候，无非是长得快慢而已，当一棵树不再成长的时候，就是已经死去的时候。

明白了这样的终极目的，还会迷茫吗？还会颓丧吗？还会放弃吗？

第二，选择与放弃看似是一对反义词，其实是一体两面的关系。很多时候选择就意味着放弃，而放弃本身就代表你做出了选择。

选择与放弃从来都不是独立存在的，这两种行为本身都会产生很多的影响，而人这一生的幸福往往都取决于他的选择与放弃。

这就涉及第三个点，幸福是可以选择的，选择与什么样的人在一起工作，能够更好地实现自己的事业，选择与什么样的人在一起生活，可以更加幸福地享受生活。

选择了正确的人之后，如何选择正确的生活方式？如何处理与他人之间的关系？这都决定了一个人是否幸福。

最后，选择不变的幸福，通过生命的本质，通过人的变与不变，我们能够知道如何通过这种不变性来做出选择，最终实现人生的幸福。

本书想唤起每个人对人生的热爱，对人性的认知，对他人的理解，选择正确的认知，按照正确的路径，发挥出自身的优势，创造属于自己独特的成就。只有想得通透才能看得明白，只有理性分析才能正确决策。本书通过生动幽默的小故事，绘声绘色地揭示出不同的思维逻辑和方法论。

2021 年 7 月 7 日

于北京

序言二 一生真伪复谁知？

在哲学史上，关于人性的争论，一直是古今中外哲学家们最为重视的话题之一。

从儒家孔孟之道对于人性的论述，到古罗马帝国时期思想家奥古斯丁对于原罪的定义，从庄子的善恶两忘化其道，到心学大师王阳明的无善无恶心之体……

千百年来，全世界范围内关于人性善恶的争论从未平息，甚至衍生出了建立于哲学和伦理学基础上的人性论。

但是，争论了这么久，我们仍然在人性的问题上不断追问为什么？

对于人性善恶的争论之所以难有结果，是因为所有关于人性善恶的讨论中，都是把人当作一个脱离历史的既定实事，然后找出一系列人的行为来证明人性的善或者恶。实际上，对于人性的研究，是不能脱离人类社会的。

人类与动物的区别很大程度上取决于和环境的关系，动物的生存和发展本质上是为了适应环境，而人类的生存和发展实则是在改变环境，因此我们可以把自然界中的生物视为自然界的组成部分，它们的生存目的是一种依托于整个自然界的无目的的和目的性循环之中的，而人类的生存目的与整个自然环境的关系则不是那么密切，更多地与人类社会有关，而社会的发展取决于理想与现实之间的差距，人们总是追求理想，当理想变为现实之后就不再成为理想，所以人类社会的发展处于有目的的无目的性中，而对于无目的的活动，很难用道德去界定，所以关于人性的争论难有结果。

从群体的角度来说，人性善恶的分析非常艰难，因为人类社会的发展处于有目的的无目的性中，但是从个体的角度来说，某个人的善与恶却比较容易界定，因为有道德与法律作为标杆。

对某个人的善恶分析可以用来看清一个人，在对人性的争论中，无论是性善论还是性恶论，性善性恶的先天性或后天性问题，都主张一个观点，即为“性”，那么一旦形成，就是不变的。道理很简单，如果一个人的人性善恶朝夕不同，对于人性善恶的研究还有什么意义呢？

本书中讨论人性善恶的意义，不在于证明自己的学说是对的，也不在于掌握人性，而是在此基础上讨论如何让一切变得更好，从整个人类社会的角度看，是种族的兴旺发展，从国家的角度看，是如何建立和谐、富强的现代文明社会，而从我们自身的角度看，就是如何让自己拥有更美好更理想的生活。

我尽量让文章更具可读性，会把求证的过程穿插其中，但我会直接提出我的观点，可能会让部分读者觉得偏激，甚至是过于悲观，但是不着急，你先慢慢地读，读完了我觉得你会找到你真正需要的东西。我写这些也不是为了推翻某个理论或者击碎某个观点，而是让它应用在我们的生活中。就像功夫大师李小龙曾经说过：“修炼功夫的目的不是致力于击破石块或木板，我们更关心的是用它指导我们的整个思想和生活方式。”

为什么会谈人性的问题？

多年来一直有一个电视剧片段给我印象深刻，并且多年都不曾忘怀，对女主角的慨叹更是深思多年，随着阅历的增加，当年的画面更像是人生之问，日久弥坚，发人深省。我先简单地把电视剧的情节说一下，故事发生在万梓良饰演的电视剧《巨人》里面，大概的情节是乐言本来和程真是青梅竹马，就到谈婚论嫁阶段了，这时乐言替大哥顶罪坐牢，凌峰乘虚而入。凌峰知道事情的真相却没有告诉程真。与凌峰结婚前，有人告诉程真，凌峰是个小人，为达目的不择手段。但程真不这么想，她的家境很好，不会轻易答应别人的追求，因此凌峰追她的时候她也考察了很多年，试探过他很多次，她说:“这么多年还不足以认清一个人吗？你们为什么都说他是坏人？”

程真没有听众人的劝告嫁给了凌峰，最终发现凌峰这么多年一直在伪装，本质上就是一个自私自利、不择手段的小人。当她发现的时候，程真已深受其害，甚至险些丧命。后来凌峰又导演了“叛妻门”，又通过三年对芷晴的关心照顾，得到了芷晴的好感并同意与之结婚。芷晴也觉得三年来这个男人一直对自己这么好，还不能证明吗？

这个故事里的两个女人几乎都发出了同样的反问，这么多年还不能证明吗？事实却告诉你这是“多么痛的领悟”，你看到的不是全部，也不是事实，不禁要问“人怎么会这样呢？”这个故事对人性的刻画让我印象深刻。

这样的故事不仅仅会发生在电视剧里，在我们身边也有很多。

我们常常会遇到一些言谈举止难以理解的人，这种人我们统称为“奇葩”。

对于这种人，我们的感受最多的是无法理解——这个人怎么这样？

有趣的是，这种奇葩的表现并非因为无知或者愚蠢，很多做出匪夷所思行为的人智商很高，并且受到过非常高等的教育。

在我们身边也会经常出现这种人，比如前段时间我给公司的员工进行内部考核，有一位员工前几关表现都非常出色，思维敏捷，基础扎实，言谈举止都显示他受到过相当良好的教育，包括我在内的几位考官都非常满意，几乎已经确定这名员工通过考核了，考核到最后的时候，我把这些参加考核的员工召集到一起，忽然临时起意，让他们每人讲个笑话，结果让我大跌眼镜的是，这位被一致看好，拥有高学历的员工竟然讲了一个荤笑话！稍有素质的人都不应该在这种场合讲这种笑话，当时我完全感觉不可思议，不能理解！

其实细细想来，历史上这种奇葩事儿也不少见。

据传南宋末年的时候，湖州的副知州蹇材望是远近闻名的大忠臣，素来忠君爱国，人皆赞誉。

当年蒙古人打到湖州，当时南宋的军队根本不是蒙古大军的对手，整个湖州人心惶惶，乱作一团。蹇材望找人打造了一块牌子，上书“大宋忠臣蹇材望”几个大字，在一块银子上刻上几行小字："有人获吾尸者，望为埋葬，仍见祀，题云'大宋忠臣蹇材望'，此银所以为埋瘗之费也。"于是挂着牌子与银子走街串巷，见人就跟人介绍他的牌子，言城破之日必投水而死，并且不厌其烦，一而再，再而三地说，表明他誓死报国的决心，听到的人都被他的爱国之心感动。

次年元旦，蒙古人攻破湖州城，蹇不知所踪，人们都认为他已经为国捐躯了，有不少人还沿着河岸寻找他的遗体，想要帮助这位忠臣入土为安，遍寻不见，人们纷纷感叹，可怜一位大忠臣，竟落得尸骨无存。

几日后，蒙古人委派的新任州官走马上任，高头大马，前呼后拥，好不气派，眼神好的人一看，哟，这不是蹇材望蹇大忠臣吗？

原来在城破之前，这位"大宋忠臣"偷偷溜出城去投降了蒙古人。

难道真是人心易变？蹇材望忠君爱国了几十年，城破之前连身后事都安排好了，怎么说变就变，说投降就投降了？

但你我都知道，蹇材望不是变了，只是被人看破了伪装。说到底不是蹇材望变不变的问题，而是我们有没有看清这个人的问题。其实他一直都没有变，只是原来人们没有看清他，仅此而已。

要说这蹇材望也是生不逢时，若是生在太平年间，没有蒙古入侵的话，他这忠臣搞不好能演一辈子。

就像是白居易在《放言五首（其三）》中写的："周公恐惧流言日，王莽谦恭未篡时。向使当初身便死，一生真伪复谁知？"

一生真伪复谁知？

我们来看看历史上那些前后不一，真伪难辨的名人吧。

最有代表性的当属发迹前美名遍传，发迹后恶名远扬的“小周公”王莽了。

王莽出身的王家身为外戚世家，他的姑姑是孝元皇后王政君。王家先后有九人封侯，五人担任大司马，可谓是有钱有势，但是王莽却没有一点点其他世家子声色犬马的恶习，反而自幼勤奋好学，谦恭礼让，生活检点，独自服侍母亲及寡嫂，抚育长兄遗子，善名远播。

公元前 16 年，30 岁的王莽被封为新都侯、骑都尉、光禄大夫侍中，成为皇帝的侍卫近臣后也从来不摆官架子，也不贪污受贿，待人有礼，公正廉洁，饱受赞颂。

38 岁，王莽接替大司马，46 岁，受封“安汉公”，权倾朝野，然而依旧谦恭待人，家产几乎散尽用来救济穷苦人，施政方面也是上施恩于百官，下体恤百姓，朝野上下一片好评。

然而后续的发展出乎当时人们的意料，公元前 8 年，王莽逼亲姑姑王太后交出玉玺，“接受”禅让成为皇帝，称帝后，王莽的新政很快就搞得天怒人怨，百姓流离失所，民不聊生，人相食的惨状史不绝书。最终反旗四起，称帝十五年后，王莽落得身死国灭的下场。

从王莽得势后的所作所为来看，他根本不像得势之前表现得那么谦恭，没人会说王莽变了，只是他原来伪装得太好了。

的确，善变的人只是很会演，本质上的东西是不会变的。

演得再好，也是假的，也有破绽，人不可能长时间违背自己的本性，要不也就不会有“江山易改，禀性难移”的说法了。

实际上王莽早已显露出本性，只不过没有人提前看懂他，王莽一直都没有变过，史书记载，王莽的二儿子王获杀死了一个家奴，他为了自己小周公的名声，竟生生逼得王获自杀，虎毒尚且不食子，他却用儿子的命换自己的名。

有这样的事迹在前，他为了篡位逼得自己的姑姑王政君怒摔玉玺，也就顺理成章了。

其实人是不会变的，很多时候你觉得他变了，只是因为你没有看清他，境遇一变，本性的表现形式就变了，所以你才会觉得这个人变了，现在想想，一个能为了名声逼死自己儿子的人，为了权势逼迫亲姑姑又有什么奇怪的呢？

关键是当初人们对他的行为是怎么解读的？你真的看懂这个人了吗？如果只看到表象，当然会被蒙蔽。

当然，这种错误是许多人都会犯的，甚至是大多数人都会犯的。

春秋五霸之一的齐桓公就是因为犯了这样的错误，落得凄惨无比的结局。

齐桓公有三个宠幸的奸臣叫易牙、竖刁和开方。

公元前 643 年，管仲病重，桓公问管仲：“您病得很重了，如果不幸，有什么告诫我的吗？”

管仲说：“希望您能把易牙、竖刁和公子开方驱逐。”

齐桓公问：“这三个人对我忠心耿耿，易牙是我的厨师，为了满足我的口腹之欲，连亲生儿子都杀了给我吃，竖刁从小就侍奉我，长大后因为是男子被迫离宫，后来自宫就为了侍奉我，公子开方和我一起玩乐，十五年不回国，连卫国的国君之位都放弃了。”

管仲说：“人都爱自己的儿子，易牙连自己的儿子都不爱，难道会爱你吗？人都爱自己的身体，竖刁连自己的身体都不爱惜，会爱你吗？人都爱自己的父母，卫国并不远，公子开方十五年都不曾回去看一眼父母，连父母都不爱的人，会爱你吗？”

管仲死后，齐桓公驱逐了易牙、竖刁和公子开方，但仅仅三个月后觉得还是这三个人用着顺手，就又给召回来了。

后来齐桓公生病，易牙、竖刁和公子开方立即原形毕露。他们忙于在桓公的十多个公子中拉帮结派，争夺权力，寻求新的靠山，一代霸主齐桓公竟被生生饿死在宫内，死后六十七天无人收敛。

并且这三个人把朝廷上下闹得乌烟瘴气，齐国从此衰落。

齐桓公一定很疑惑，为什么对自己忠心耿耿的三个人会变成这样，但易牙、竖刁和公子开方变过吗？

齐桓公看见表象而管仲看见本质，于是两个人做出了截然相反的判断，所以并不是人变了，而是有没有看懂。

《明朝那些事儿》里也有一段发人省心的记述。

靖难之变的前一晚，王艮、解缙、胡广等人聚集在好友吴溥的家中，面对外敌的入侵，一众好友慷慨激昂、陈说大义，唯有王艮一人默默流泪。

然而让人意想不到的是，只有王艮自杀殉国，解缙、胡广等人发表完演说，第二天就去迎附朱棣了。明朝才子的人品不敢恭维，让我们深思人性的怪异。明朝历史上这样的段子很多，严嵩是明朝有名的奸臣，站在后世，我们可以很轻易判断出他是个奸臣，但严嵩在没发迹之前可是非常“乖巧谦卑”的。

严嵩有个顶头上司，叫作夏言，也是江西人，大他两岁。嘉靖 15 年时，夏言入阁，不久后成为首辅，他举荐严嵩接任礼部尚书的职位，是严嵩的恩人。

据《明史》记载，严嵩对夏言非常谦卑，请夏言赴宴的时候亲自带着请帖到相府，夏言没让他进门，他就跪在门口高声朗读了一遍请帖的内容。

有一次夏言掌握了严嵩的儿子严世蕃受贿的证据，准备弹劾他，严嵩带着儿子跪在夏言面前求饶，夏言念及旧情，只好作罢。

但是后来夏言卷入曾铣案，皇帝罢了他的官，将他遣送回家，严嵩多方运作，生生给曾铣安上了结交近侍的罪名（这在明朝是重罪），近侍自然就是夏言，最后夏言被斩首弃市。

本来皇帝没想杀夏言，严嵩不断搜罗证据，终于将自己的恩人置于死地。

当初跪着送请柬的是他，如今落井下石的也是他，是严嵩变了吗？

无独有偶，明朝另一位有名的大臣也死于恩将仇报、落井下石，他就是于谦，于谦曾留下脍炙人口的《石灰吟》，也确实做到了“要留清白在人间”。

于谦一生刚正，两袖清风，抄家的时候家徒四壁，除了皇上赏赐的器物和宅邸之外什么都没有，而于谦下一任兵部尚书仅仅一年就收受了巨额的贿赂。

就是这样一个耿耿忠臣，为何会被处死呢？

夺门之变后，于谦命悬一线，主要有两个人为于谦的死做出了巨大的贡献，一文一武，分别是徐有贞和石亨，有趣的是，于谦对这两个人都有恩。

徐有贞原名叫徐珵，曾在土木堡之变后建议迁都南京，遭到于谦的坚决反对，自此就觉得于谦针对自己，后来祭酒职位空缺，恰好他的学生杨宜是于谦的亲信，他就托杨宜向于谦求取祭酒的位置，于谦答应了，并且向景帝提起这个事情，景帝对他印象不好，认为他曾经提出过南迁，会教坏学生，没有同意。

徐有贞以为是于谦从中作梗，于是怀恨在心，夺门之变后，在英宗尚在犹豫时，谏言于谦必须死。

石亨曾是于谦的副手，原来打过败仗，还是于谦举荐他掌管五军大营，给他建功立业的机会，石亨建功后，举荐于谦的儿子于冕，被于谦指责徇私，于是由恩生怨，也在害死于谦这件事情上出了大力。

恩将仇报之举，何独严嵩？

白居易说：“试玉要烧三日满，辨材须待七年期。”但如果不真正看清这些人的本质，王莽、严嵩之流别说是七年，七十年也照样伪装得很好。

向使当初身便死，一生真伪复谁知？表象上的东西也许一眼就能够看清，而一个人的本质会像火山一样，不爆发的时候，一切都好，爆发的时候寸草不留。

很多时候，一个人的本质会带来什么样的结果取决于是否得到爆发的机会。

我们经常会听到，某个人案发之后，街坊邻居说，这个人挺好的，也挺孝顺的，怎么会干出这种事儿？和这有关系吗？没有！

某一项可能恶化的东西在一开始被遏制住，可能就消弭于无形了，王莽如果一辈子不得势，也许至今还挂着小周公的贤名呢。蹇材望如果不遇上战争，也许能当一辈子的大宋忠臣，可惜遇上蒙古大军，只好原形毕露。

不知道大家有没有被兔子咬过的经历，实际上兔子的牙齿整齐锋利，如果你被它咬一口，造成的伤害和被差不多体型的食肉动物咬一口差不多，甚至兔子造成的伤害更大。

但是人们是如何认知兔子的呢？弱小、无害、可爱。

认不清王莽和认不清兔子有本质的区别吗？

有些事情不要简单地分成对错好坏，分不清的，只有分类，把人分类以后就会看得更清楚，一切都没有意外，有意外是因为不了解。

一生真伪并不是无迹可寻的，每个人的行为都是由其本质决定的，而这种本质是不变的，了解一个人，最关键的是要能够正确地解读他的行为，从而发现这种不变的本质。

序言三

正如没有完美的人一样，书籍和观点也没有完美的。

同一本书，不同的人读，可能评价完全相反，有人认为微言大义，发人深省，有人认为满纸荒唐，一派胡言，这是很正常的，一个人的经、性格、心情都会影响你对一本书的评价，如何更加客观地评价一本书，很多时候除了放平心态之外，还要捋清楚逻辑与事实之间的关系。

逻辑与事实，矛与盾

诚然，你可以从很多的角度证明这本书中的一些观点是错的，甚至给出严密的逻辑推导。

但我要说的是，很多时候，我们不能把逻辑和事实混为一谈。

“人身上有部分特质是不可变的”这个规律是从事实中得来的，这些事实既有历史上的记载，也有身边发生的真人真事，也正因为如此，你不能单纯地从逻辑的角度证明它的对错。

因为很多时候人们可以轻易用逻辑来否认事实。

比如古希腊时期斯多亚学派的著名哲学家芝诺曾提出过一个“阿喀琉斯追不上乌龟”的诡辩。

众所周知，乌龟的行动是相当迟缓的，而阿喀琉斯是古希腊传说中的一位善跑的半神英雄，而芝诺断言：如果阿喀琉斯在龟的后面，将永远追不上乌龟！

这当然是个谬论，我们都知道事实上追上乌龟对大多数人来说都不是难事儿。

他的逻辑是这样的：首先乌龟在阿喀琉斯前面，乌龟在A处，阿喀琉斯在B处，当阿喀琉斯开始追赶乌龟时，需要先跑到乌龟的出发点A处，那么阿喀琉斯从B跑到A就需要一些时间，这个时间再短，也够乌龟进行运动，那么当阿喀琉斯到达A处的时候，乌龟已经到达了A1处，那么他就需要从A处跑到A1处，这段时间乌龟已经从A1处爬到A2处，以此类推，当阿喀琉斯到达乌龟前次到达过的地方，乌龟又向前爬动了一段距离。由此，芝诺断言，阿喀琉斯永远追不上乌龟！

你看，逻辑是严谨的，但是不符合事实。

像这样的逻辑否认现实的情况还有很多，比如公孙龙的“白马非马”等。

很多时候能够反驳事实的是逻辑，而相信科学的人一般都会相信逻辑，思维理性的人更加相信逻辑。

但是逻辑和事实之间是存在偏差的，所以不要把逻辑和事实混为一谈，事实在逻辑面前显得矛盾，逻辑在事实面前显得无理取闹。

逻辑和事实的差别是相当明显的，只是大家很多时候并没有留意过。

比如，逻辑像是科学一样，是没有国界的，放之四海皆准，不能够被局限在某一个区域，在中国成立的科学，在美国也一样成立，逻辑也是如此。

但事实就会受到地域因素的影响，比如中国人讲究礼仪，美国人强调自由，中国人认为白色不吉利，美国人认为白色代表纯洁，中国人见面喜欢问“吃了吗”，美国人见面喜欢说天气，这就是典型的事实和逻辑的差别。

事实更有具体性，逻辑更有普遍性，而科学更具普遍性，缺乏具体性。

所以在面对一个符合事实，而从逻辑上不能推导的问题的时候，就需要具体问题具体分析了。

比如，老子说“治大国若烹小鲜”。这句话的逻辑通吗？当然是通的，治理国家像是烹饪小菜一样，要按部就班，举重若轻，但是反过来“烹小鲜如治大国”，逻辑还通吗？厨子都会治国？不会烹小鲜的厨子不是好政治家？这是相声段子，不是逻辑。

这种逻辑关系就好像是告诉你 a=b，却 b ≠ a，但这是事实。

而逻辑的证明最容易出现的问题就是“以子之矛，攻子之盾”，简而言之，就是用你的逻辑来找到你逻辑里的问题，最典型的就是庄子与惠子“濠梁之辩”的典故。

庄子与惠子游于濠梁之上。庄子曰：“鲦鱼出游从容，是鱼乐也。”惠子曰：“子非鱼，安知鱼之乐？”庄子曰：“子非我，安知我不知鱼之乐？”惠子曰：“我非子，固不知子矣，子固非鱼也，子不知鱼之乐，全矣。”庄子曰：“请循其本。子曰‘汝安知鱼乐’云者，既已知吾知之而问我，我知之濠上也。”（《庄

子·秋水》）

庄子与惠子轮番从对方的逻辑上找漏洞，用对方的逻辑反驳对方，正是“以子之矛攻子之盾”的方式。

所以在阅读的时候，书中的一些内容你可能会觉得不符合逻辑——一些人经历过大起大落之后性情大变，但你不是他，你如何能够知道他的本质变了呢？此时，你需要清楚不是所有的事实都能够通过逻辑来证明，但我可以通过逻辑分析来证明这些人没变的事实——关于这样的案例分析，本书中会有很多。

每个人都是一座岛，都是孤立而独一无二的，你永远不知道影响他的因素是什么，这座岛上为什么不长草？有可能是土壤的含盐量过高，也有可能是缺少植物必备的微量元素，影响到一个人的，可能是很小很小的细节。

事实就是真实发生的事情，促成这件事情发生的因素可能是客观的，也可能是主观的，而很多时候，人的主观行为是没有逻辑的，大家都知道杀人犯法，世界上就没人犯了吗？都知道抢劫会被判坐牢，抢劫案件不也是时有发生吗？翻一翻年度奇葩新闻，那些人干的事情有逻辑吗？

一冲动就干了，仅此而已，你永远不知道哪些因素成为影响事实的关键。

所以在分析的时候，不要把主观和客观，事实和逻辑分开分析，实际上两者是一体的，事实中有逻辑，逻辑中有事实，事实不等于逻辑，逻辑也不等于事实。

所以想要真正认清世界，必须处理好逻辑与事实的关系。

世界上没有没有问题的事物

这段内容咱们从一个神话传说开始：

话说八仙之中铁拐李喜好游山玩水。某日这位神仙驾云出游，往下一看人间一座大城熙熙攘攘十分繁华，左右无事，铁拐李来了游兴，便来到城里，东瞧西逛了一阵之后，酒虫上来，就往酒肆逛去，没走两步猛然瞧见一稀罕物——只见酒肆旁一家店铺的招牌上赫然写着三个大字“抬杠铺”。

这一下，老神仙就犯了寻思，听说过“当铺”“粮铺”的，这“抬杠铺”还是头回瞧见，到底卖的是啥？

见了稀罕玩意儿，酒也不买了，铁拐李就一瘸一拐地向着这间店铺走去，店门大开，老远就看见店里面已围了不少人，一个郎中打扮的中年人正对着柜台与掌柜在对峙。

铁拐李拉住一个围观者，递了几文大钱，问道：“小哥劳驾，这铺子是干什么的？”

围观者看见“孔方兄”，不由眉开眼笑：“老丈客气了，这家店名叫‘抬杠铺’，做的自然是‘抬杠’的生意。”

铁拐李大奇：“这抬杠生意如何做？”

“掌柜‘杠精李’是远近闻名的‘杠头’，放言‘胜一赔十’，只要进店的人都可以花一两银子选一个物件与他抬杠，要是他赢了，就取走这一两银子，若是你赢了他赔你十两银子。”围观者说着，伸手一指人群中间的两个人，“这不，王郎中来与他抬杠了。”

铁拐李往人群中看去，掌柜说道：“不知王郎中打算与我杠些什么？”

王郎中递过一两银子，自傲道："就杠我这祖传的良方！"

掌柜笑道："您这良方有何效果？"

"我这方子，能治一切耳疾，不管是耳道炎、耳栓塞、耳痒、耳鸣、中耳炎，统统能治！不信你可问一问这十里八乡的百姓，凡被我医过耳疾的人都可为证。"

围观众人纷纷称是。

掌柜眼皮都不抬："那你这方子能让聋人听见吗？"

"这——"王郎中哑口无言。

掌柜等了片刻，见王郎中还是答不上话，拱了拱手："那这杠就算是我抬赢了？"

"且慢，"王郎中又取出一两银子，"这一阵是我输了，但我还想与你杠上一杠，我家祖上曾是太医院的太医，传下一味大内秘药，便以此物与你抬杠！"

掌柜笑容满面："您这秘药有何神奇？"

王郎中道："我这秘药能治一切眼病，不管是白内障、青光眼、近视、远视、老花眼，样样能摆平，甚至连让盲人重见光明也不是不可能！"

掌柜奇道："竟有如此神奇？"

王郎中傲然道："大内秘药，自然神奇。"

掌柜笑问："那你这秘药能治耳疾吗？"

"这——你这不是抬杠吗？这治眼疾的药如何能治耳疾？"王郎中有点气急败坏。

掌柜笑得更灿烂了："正是，我开这抬杠铺子，不抬杠岂不是怪事？"

王郎中哑口无言，背起药匣，转身出了铺子。

掌柜哈哈大笑，非常得意，喊过小厮取来笔墨，写下一副对联挂在铺门口，上联是：“天下之事，样样都要抬杠。”下联是：“进铺之人。个个皆输吾手。”横批：“唯我独赢。”

没见过这么狂的。

铁拐李一寻思：“凡人斗不过你，本仙还斗不过你？须得教训一下这个狂徒，让他知道天外有天，人外有仙。”

于是走出人群，道：“掌柜请了，不知掌柜可愿与老夫赌个输赢？”

见生意上门，掌柜不慌不忙转过身来，抱拳道：“客官有礼了。”

铁拐李见掌柜礼数周到，也少了几分火气，拱手道：“掌柜有礼，刚才老夫见你与人抬杠，甚是了得，不知可愿与老夫杠上一杠？”

“我这开门做生意，哪有拒客的道理？不知客官想要杠些什么？”

铁拐李把身上装灵丹的葫芦往柜台上一放：“就杠它！”

掌柜好奇：“这是何物？”

铁拐李傲然一笑：“葫芦里乃是仙丹，天上有，地下无，能治百病，消百灾！莫说是眼疾、耳疾，便是让盲人重见光明，聋人恢复听力，甚至起死回生，断肢再续亦不是难事！”

掌柜问道：“您这个仙丹什么病都能治吗？”

“正是！不信你大可找人来试！”

掌柜笑道：“小的不是不相信您这仙丹的神奇，但是有一种病，您这仙丹肯定治不了，这一杠却是小的抬赢了！”

铁拐李急了：“你如何便赢了？连我都不知道有我这仙丹

治不了的病！”

掌柜的也不说话，只瞥了铁拐李的腿一眼，笑吟吟伸出手去。

铁拐李低头一看，瘸腿犹然，哑口无言，只得掏出一两银子，悻悻地远去了。

正如世界上没有无缝天衣一样，万事万物也没有完全没有问题的，神丹仙药亦不能敌过一颗抬杠的心，这世界上有太多的事物是矛盾的，甚至有些真理之间都是互相矛盾的，但这些矛盾不应该成为我们认识世界的障碍和裹足不前的理由，每一个事物中都能找出问题，每一本书中都有不够严密的地方，这是现实也是现状，对此我们应该秉承的是“圣人不滞于物，而能与世推移”这种灵活的心态，而非“安能以身之察察，受物之汶汶者乎”这种消极对抗的心态。

目 录

第一部分 认清自己的变与不变

第一章　人性的本来面目……5
第一节　为什么要认清自己的“不变”？……7
第二节　常识与想象之间的冲突……15
第三节　天理和人心的辩证……24
第二章　人性的善恶之辩……31
第一节　二元四维说人性……31
第二节　做正确的事情……46
第三章　每个人的优势与劣势……59
第一节　如何找到个体的优势与劣势……59
第二节　论个体之间的相互接触……75
第三节　选择合适的舞台……80

第二部分 摆脱依赖，集中精力

第四章　摆脱依赖，活下来……89
第一节　如何正确看待依赖关系……89
第二节　人与人之间的依赖关系分析……92
第三节　摆脱幻想，窥见真实……99
第五章　你没有你想象中的那么重要……107
第一节　你真的很重要……107
第二节　你的成就来自你的不变……110

第三节　你没有你想象得那么重要……………112
第六章　选择与放弃其实是一体两面……………116
第一节　放弃的智慧……………116
第二节　放弃与被放弃……………120
第三节　放弃的意义……………125

第三部分 选择不变，追求幸福

第七章　选择幸福的人……………138
第一节　更幸福的选择……………139
第二节　选择配合者的依据……………145
第三节　处理关系时常见的误区……………156
第八章　选择幸福的方式……………163
第一节　如何开始在一起……………164
第二节　如何真正在一起……………167
第三节　如何永远在一起……………170
第九章　选择不变的幸福……………176
第一节　生命的本质……………176
第二节　关于幸福……………183
第三节　距离感的问题……………188
总　结……………201
读懂一本书，从读懂一首诗开始……………203
后　记……………209
读书要有好心态……………211

第一部分 认清自己的变与不变

最近看到一个很有趣的小故事，名字叫作“青蛙和蝎子过河”，说的是一只蝎子很想要到河对岸去，但是自己又不会游泳，很着急。

这时候一只青蛙游了过来，蝎子喊住青蛙，希望青蛙能够把自己背到河对岸去。

青蛙看着蝎子带有毒刺的尾巴，摇头拒绝:“如果背你过河，到河中间你蜇我一下，我就死定了。”

蝎子很诚恳地说:“我怎么会蜇你？如果你死在河中间，我不也得淹死吗？”

青蛙觉得很有道理，于是就背起了蝎子，向河对岸游去。

游到河中间，青蛙忽然觉得后背一阵刺痛，全身麻痹，知道是蝎子用毒刺蜇了自己一下，于是悲愤地问道:“你为什么要蜇我？我死了你也活不了！”

蝎子看着茫茫的河水，怅然叹道:“天性难违啊！”

老话说“江山易改，本性难移”，是非常有道理的。

这句话虽然是人人耳熟能详，但并不是谁都真正理解的，海可枯，石可烂，人的本性难改变，天不变，道不变，人心也不会变，想要蝎子不蜇人，就好像让狼改吃素，鱼在地上跑一样无稽，因为这些是违背其本性的，所以难以达成。

不管蝎子有多少不蜇人的理由，在青蛙背上蝎子的那一刻就已经注定了两者的结局——因为本性难移。

我们常说“天命难违”，其实命运无常，天道无亲，更多的非是天命难违，而是人的天性难违，很多时候，影响人们境遇的并非所谓天命，而是自身的天性——而这种天性是不可变的。

所以我们说，人一定要认清自己身上不变的部分。

第一章 人性的本来面目

大文豪苏东坡是历史上数得着的“风流人物”，关于他的故事也有不少。

众所周知，这位大文豪有一个挚友佛印大师，他在瓜洲做官的时候，所居之处仅一江之隔就是金山寺，佛印大师居住其中，两人时常讨论佛法，交换诗作。

有一天苏大文豪深觉参禅有获，思想得到升华，遂诗兴大发写了一首诗，着人给挚友佛印送了过去，请大师点评。

诗文曰：

稽首天中天，
毫光照大千。
八风吹不动，
端坐紫金莲。

诗文大意是标榜自己内心已经不再受到身边诸事诸人的影响了，好似端坐于莲台上一样（诗中的“八风”是指人们生活中常遇到的“称、讥、毁、誉、利、衰、苦、乐”八种境况）。

苦盼半日好不容易等到小沙弥送回一张纸，打开之后上面只有一字批语——屁！

苏大学士登时就气冲斗牛，火冒三丈，将手中纸胡乱一团，当即起身去找佛印理论。

当苏大学士的船开到岸边时却发现佛印禅师已经等在岸

边了。

小船尚离岸三尺，大学士一个箭步就跳上了岸，刚要怒声质问，却见佛印禅师哈哈大笑，不由奇道：“禅师为何发笑？”

“我笑你正是‘八风吹不动，一屁打过江’！”

苏大学士学问可谓精深，佛法可谓通透，智慧可谓超群，长久的修持犹抵不过这一个“屁”字，我们又怎么能寄希望于凡夫俗子真的能改变自己呢？

前两天去拜访一个老朋友，这位老友性格有趣，向来乐观开朗，笑口常开，可我去拜访他的时候竟然发现他有些忧郁。

我非常好奇，就问他：“最近是遇到什么麻烦了吗？”

他叹了一口气，说：“我上周参加中学的同学会，发现同学们都变了。”

我安慰道：“没办法，步入社会之后很多人都会从单纯、善良变得虚伪、圆滑，看开就好。”

老友继续叹气：“这倒不是，这帮同学的性格都没变，就是都变胖了，有的甚至还秃顶了。”一边说着，他还摸了摸头发，“我很担心啊。”

……

这位老友明显是跟我开了个玩笑，但是笑过之后，我开始深思，中学时代的同学会，一帮十多年不见的老同学聚在一起，最后发现大家身材变了，或许发型也变了，性格之类的都没变。

或许你也有这样的经历，十多年未见的老朋友，相见的时候发现外貌大变样，甚至连气质都变了，完全不敢认，但是聊了几分钟之后，忽然就觉得，这还是你记忆中的那个人，喜欢的依旧喜欢，讨厌的依旧讨厌，志趣相投的还是志趣相投，不对路的还是不对路，也许他说话的方式更加委婉，让人易于接受，也许待人接物更加成熟稳重，但是他的性格和坚持却从来没变过。

这就印证了前文中反复强调的一个观点：人身上有些特质是不可变的。

本书的核心观点就是对自我的认知 —— 认清自己的变与不变。

对于可以改变的范围，积极成长，扩大空间，坚持终身学习，做更好的自己。

对于不可改变的性情，应该专注发挥自己的优势，每个人都有自己的优势和劣势，人们的迷茫往往来自不知道自己的优势和不承认自己的劣势。或者多数人更大的精力都放在弥补自己的不足上，实际上能够取得成就的人，往往来自自我优势的充分体现，不要在不擅长的事情上耗费过多的精力，有些事情即使你全力以赴也比不上别人的漫不经心，承认差距，承认天赋，皆可以做最好的自己，又可以更宽容地接受他人。

第一节 为什么要认清自己的“不变”？

至此，我们就要开始讨论前面提出的第一个也是最重要的一个问题——如何认清自己的不变？

我们同样从一个故事开始谈起：

一位姓董的书生十年寒窗，在身边亲戚和邻居的无私帮助下终于艰难地考中功名，回乡当了县令，这个书生成为县令之后并没有成为清廉的好官，但是这位曾经的董书生，如今的董县令没有辜负自己的姓氏，非常懂得感恩，为了报答这些帮助过自己的亲戚和邻居，为官贪墨所得大多都给了他们。

寥寥数年之内，这些亲戚邻居全都飞上枝头，成了高门大户，风光无二。

可是好景不长，有一年，朝廷忽然派人来县里查库银，可县里的库银早就被董县令贪墨一空，又大多进了这些亲戚邻居的家里。

这可愁坏了董县令，他用尽一切办法，散尽家私终于把库银的缺口填上大半，但是还差最后一千两实在是没有办法弄到，于是董县令亲自上门向这些已经变成高门大户的亲戚邻居借钱，结果这几家亲戚朋友竟然全都推诿搪塞，不肯借给他一千两银子，后来干脆闭门不见——他们害怕县令下马，这一千两银子一去不返。

县令很不解，十年前一贫如洗时这些亲戚朋友为了送他上京赶考，可以卖掉家里最后一头牛，如今这些人家财万贯，却不肯花一千两银子救他的命。

看到这里，或许你会认为县令的亲戚和朋友正应了那一句“人心易变”，曾经淳朴忠厚，如今奸诈贪婪，曾经是人性本善，现在变成人性本恶。

然而真的是这样吗？事情的底层逻辑，造成这些人前后不一的根本原因，真的是“人心易变”吗？

故事还没结束，让我们继续看下去。

正当董县令凑不到库银绝望之时，一位商人上门求见，原来这位商人得知了董县令的困境，特奉上纹银一千两助他渡过难关。董县令拜谢不已，商人还奉上一笔丰厚的财产帮助董县令打通关节，完美地应付了朝廷的检查，董县令“政绩优异”，前程似锦。

这时亲戚朋友们纷纷上门祝贺，董县令已经知道这些人的嘴脸，逐渐疏远了他们，反而与雪中送炭的商人成为好友，并且建立了深厚的关系，在县令的帮助下，商人获得了远远超过投资的回报。

有一天在酒桌上，酒酣耳热之后，董县令悄悄问商人：“当年我落难时，我与那些亲戚邻居相交十余年，给了他们无数钱财，你一个外人都能看出来，花一千两帮我渡过难关所能够获得的回报远超付出。可是最后却只有你肯帮我渡过难关，难道人心真的这么难以揣摩吗？”

商人微微一笑，端起酒杯说道：“其实改变的不是人心，而是境遇。不管身上是麻衣还是锦缎，住的是草房还是大院，小农意识没有改变。”

改变的是境遇，不是人心，这些人的本性从来没有改变过，之所有前后差别巨大，是因为境遇改变了，一个曾经吝啬的人忽然变得大方，不是因为他的本性变了，是因为他经济上足够宽裕了，身价百万的人是不会在意几百块钱的，但是如果他只剩下几万元身家，那么吝啬的本性就会重新暴露出来，所以哪里有什么“人心易变”，只是境遇不同而已。

所有的改变都只是表象，商人的话道出了真理：“小农意识没有改变”，这里的“农民”不是指的身份，毕竟高门大户是不用种地的，而是指的“属性”，这种农民的属性有时又被称为“小农意识”或者“小农思想”。

一无所有时是风险的喜好者，有所身家时却又是风险的厌恶者。这种心理在心理学上被称之为“韦伯法则”，在证券金融领域，庄家经常利用这一法则一次次地获得暴利——有这种“属性”的人，永远不会只上一次当，就好像司马懿在中过空城计之后依旧多疑一样，人身上有部分特质是不可变的，所谓的不变就是这种“属性”不会变，这种属性，我们称之为“性情”。

所以人身上的一些特质是不会变的，一个人的属性决定了他本来就是那个样子，很多时候你觉得他变了其实是因为你没看懂。

这篇故事中的董县令就是因为没看懂，所以才会有疑惑，才会认为人心变化太快，不可捉摸，而商人则看清了这些亲戚朋友们的属性，知道他们为什么会前后不一，所以讨论变与不变的话题，看懂才是前提。

变与不变

当然，读到这里，也许你仍然不认同“人身上有部分特质是不可变的”这一观点，你也许能列举出很多例子来证明人其实是可以变的。

十年前一米五，如今一米八，这是身高上的变化；年轻时放浪形骸，如今成家之后稳重顾家，这是性格上的变化；原来邋里邋遢不修边幅，现在妆容精致，衣着光鲜，这是形象上的变化……

从外在到内涵，从外形到习惯，从理念到想法，随着人的成长，感觉人身上的东西就没有不会变的，这种例子在我们的身边，也并不少见。

说来奇怪，小学、初中时代的很多同学和我联系相对紧密，我们联系的频率还是比较高的，而更近一些的大学时代很多同学如今却已经完全断了联系，大概是大学时代的交际，多多少少都带着一些功利性吧。

不过总有几个例外，“尔曹”就是其中之一（“尔曹”当然是外号，这是他诸多外号中唯一适合刊载的），他是我的一位室友，有点小帅，家境殷实，用他的话说，就是上大学完全就是来“镀金 + 度假”的，尔曹很幽默，很讲义气，主要是很擅长发挥自己外形与家境上的优势，因而很有女人缘，但是这家伙也是一个花花公子，换女朋友的频率比我换衣服还要快。

毕业之后，各奔东西，这家伙依旧吃喝玩乐，还经常喊我去找他玩，那段时间恰好是我的奋斗期，一直没和他见上一面。

几年之后，我事业渐有起色，终于有空去拜访一下老同学，让我惊讶的是，才几年不见，这位花花公子竟然已经结婚了，并且变成了一个相当顾家的好男人，让人大跌眼镜。

真是士别三日，当刮目相看。

你还敢说“人的性情是不会变的吗”？

人的性情当然是不会变的。

其实，很多人对于改变的理解不够深刻，人身上不可变的不是那些只存在于表面，或者容易被看到的东西。

首先你要学会区分成长与改变。

很多被大家公认的改变，其实只是一种成长，而不是一种改变。

区分成长与改变的方法非常简单，成长阶段的不同一般会体现在“大”“小”“多”“少”等方面的不同。

而不变的更多的是一种“属性”，就好像是电脑里面的文件类型，比如同样是文档，“TXT”文档和“DOC”文档就有很大的不同。

同样是DOC文档，我录入十个字的时候可能很小，我录入十万个字之后就变得很大，但是作为DOC文档的属性不会变，录入字数的不同就是成长，DOC的文档类型就是属性。

DOC文档类型作为属性，就决定很多文档的性质，比如DOC文档可以插入图片，而TXT文档不行，DOC文档可以设置段落格式，TXT文档不行，两个文档之间调整字体大小的方式也完全不同。

有的人就是DOC，有的人就是TXT，就算往里面输入同样的内容，这两个文档也会有不同，这就是属性。

同时，在 TXT 文档中输入再多的内容它也不会变成 DOC 格式的文档，也不能兼容图片，也不能自动设置段落格式，它的大小变了，但属性没变。

或者举一个更形象的例子，草本植物长多少年也不会变成木本植物，十年的草也还是草，虽然十年的生长让它比十年前高很多，粗很多，但身为草的属性是不会变的。

当然，你也可以举一些极端的例子，比如说，人类创造的一个鱼种 —— 金鱼，百度百科上对于金鱼的解释是由鲫鱼改良而成的观赏鱼类的统称。世界上本来没有金鱼，是人类通过鲫鱼逐渐改良出来的一个新的物种，这还不算改变吗？

可是这种改变实质上是什么？把鲫鱼变成金鱼？外形变了，其内在还是鱼，这就类似于嫁接，我们可以在苹果树上嫁接梨子，但是我们可以在苹果树上嫁接牛羊吗？所以鱼变成鱼，树嫁接树，其属性根本没有改变。

人也是一样，人会随着成长有一些外在的变化，但是属性是不会变的，这就是为什么“人的性情是不会变的”。

就好像，某个人原来因为性格耿直，说话难听，在社会上经过一番历练之后变得会说话了，这只是一种成长，不是一种改变，因为造成他说话难听的这种“属性”没有改变，成长的是说话的技巧，技巧变“多”了，但这个人性格耿直的“属性”没有改变，所以这个人只是成长，不是改变。

当然，成长不仅仅是那种外在的，心理上的成长也属于成长的范畴。就好像是前文中提到的那位室友，原本放浪形骸的花花公子，结婚后变成沉稳顾家的好男人，这就属于心灵上的成长，这种成长，更多的是“经历”。

因为经历的事情多了，所以看问题的角度也会有所不同；身份或者地位转变了，所以价值观就会不一样，但人本身属性没有变，不管单纯还是市侩，轻浮的依旧轻浮，沉稳的依旧沉稳，聪明的还是聪明，迟钝的仍然迟钝。

尔曹依旧幽默，依旧义气，依旧爱玩，为人处世的逻辑都没有变，但是因为经历多了，价值观改变了，所以从一个花花公子变成顾家的模范老公，他的“属性”没变，改变的只是价值观和看问题的角度。

这也是最难以分辨的一种成长，很多时候这种内在的成长就被人认为是人性的改变。

成长还有一个特点，就是成长往往会遵循一定的趋势，简单来说，这种趋势就类似于从小到大，或者从少到多，并且这种趋势一般会体现出较强的规律性，有的是每段时间的成长是相同的，有的是越成长越慢，有的是越成长越快，一般来说，当你发现某个人身上的某种变化呈现出类似的趋势，那么这其实只是一种成长。

这方面最典型的例子就是老话说的“三岁看老”，最近这种说法似乎得到了一些科学研究的支持，在婴儿出生 60 天后，大脑开始发育一种叫作“神经轴突”的结构，而这一过程将持续三年，具体来说，在婴儿出生的前三年，大脑将会成熟到 80% 左右，而剩下的 20% 则会到 16 岁甚至更久的时间中发育成熟。

在这三年中，人类的大脑会根据接收到的外界刺激来决定自身如何发育，所以一个人的很多特性都在三岁之前这个大脑迅速发育的过程中被决定了，一旦成型，再也没有改变的机会，因为正常来说，任何一个人都不会逆生长的。

所以很多时候通过一个人小时候的状态就能够知道他未来的状态，这中间的推导过程所利用的就是成长的趋势，在西方国家，科学家们已经开始研究一种“电子预言家”，它能够通过一个人当前的身体状态和生活习惯等信息，描绘出一个人十年或者二十年后的样子，或者提前给出这个人当时的身体状况。

这方面我们身边出现比较多的例子，是孩子小时候表现出某方面的天赋，长大后在这方面有所建树的情况。

其实这种情况历史上也很多见，比如砸缸救人的司马光小时候文学天赋极佳，五岁能读《春秋》，七岁能解其意，表现出了在历史类文学上的极高天赋，编年体史书《资治通鉴》就是出自那双曾经砸缸救人的妙手之下。

第二节 常识与想象之间的冲突

当我们开始逐渐意识到人身上有部分特质是不可变的这个事实之后，我们不得不开始反思，为什么大多数人都愿意相信人是可变的？

这个现象其实很普遍，我们身边就有不少这样的例子。公司里一位姓张的员工就曾经给我提起过他的叔叔“二先生”。

“二先生”当然只是一个外号，但据这位张姓员工说，在他们家乡，“先生”一词都被用来称呼文化人或者体面人，他叔叔能得到这个称号，说明这位“二先生”在十里八乡也算是个传奇人物了。

二先生本姓张，因在家里行二，人们叫他张老二，后来发迹了，才被尊称为二先生。

二先生一家世代都是农民，靠土地为生，偏偏到了二先生这一代，出现了这么一个怪胎，二先生从小对土里刨食儿没有兴趣，十二三岁就开始琢磨着自己制作一些炮仗、风车之类的小玩意儿到县城里去卖，起初只能换点零食解解馋，大伙谁都没在意，结果二先生的生意越做越大，种类也越来越多，从最初的小手工到后来乡间特产，再后来干脆拉上村里几个小年轻倒腾起了山货，很快就发迹了，当然所谓的“发迹”也算不上大富大贵，只能说是薄有家资，但搁在没怎么见过钱的乡亲们眼里，可就不得了喽，纷纷夸赞他有出息——二先生的尊称就是这时候来的。

二先生发迹之后，家里很快给他相了一门亲事，结婚后夫妻俩也算和睦，几乎从不吵架，但有一件事，二先生在城里染上一个坏毛病——赌博，说起来也奇怪，不管什么生意，二先生都能做得有模有样，但一上赌桌就是一个大肥羊，偏生二先生身上有那股子不服输的蛮劲儿，不输光了内裤是决计不会走下赌桌的。

终于从小赌怡情到大赌伤身，二先生在一次由几个混混精心策划的赌博中输光了家产——连结婚时盖的新房都赔了出去。夫妻俩为此大吵了一架，二先生的父母更是被气得先后进了医院，甚至张老爹都进了抢救室，二先生在抢救室门口跪了一夜，在得知老父脱离危险的时候指天发誓，决不再赌。

此后二先生再次白手起家，靠着自己在商业上无往不利的天赋很快又积攒下丰厚的家产，而且再也没有听说过二先生参与赌博。

二先生活了五十多年，在他死之前，每一年做生意都没赔过钱，十里八乡没人不佩服的。

但是二先生死后不久却发生一件怪事——子女在盘点他的财产的时候发现他不仅没留下丰厚的家产，反而欠了几十万元债务。这几个子女可就急了，纷纷相互指责对方侵吞二先生的遗产，险些闹上了法院，后来还是开小卖部的老王解开了大家的疑惑——二先生每年都要买很多彩票，一买就是十几万，以二先生的赌运，可想而知这些钱全都打了水漂。

几十年间，二先生的故事常被人提起，更多的不是劝别人戒赌，而是告诫人们，赌鬼戒赌的承诺是不可以相信的。

生活中我们都知道，恶习难改，一个坏习惯一旦养成，想要改正就很难了，比如一个人好醉酒打老婆，可能在某一次吵架后会保证以后再也不喝醉和打老婆了，但是我们都知道，这种承诺大都是不可信的。

但人们为什么更愿意相信人是可以改变的呢？

这就涉及常识与想象之间的冲突，所谓常识，就是我们平日里所见所用的规律，每个人或者说大多数人都清楚（虽然不一定能说得清楚，但实际上大多数人都知道的这种规律就是常识），而想象则是人类区别于其他动物的最大优势，人类能够想象原本不存在的东西，这是人们能够拥有创造性的原因，人类能够想象，也乐于想象，更乐于接受想象。

其实这个问题可以类比武侠小说，一方面，人们都愿意相信，武侠小说里面那些修炼一两个甲子的老前辈是很厉害的，闪转腾挪，身手矫健不输任何年轻人。

另一方面，常识谁都知道，老而不以筋骨为能，二三十岁才是人类体能的巅峰期，大多数运动员都在这个年龄段，超过这个年龄段的即使不退役也难以取得好成绩。

你看，常识很清楚，为什么大家都愿意相信武侠小说中的描写呢？

前面提到，人们乐于想象，更乐于接受想象，因为想象可以满足人们的愿望，人类之所以愿意相信违背常识的事物，就是因为这些事物满足了人们的想象，闪转腾挪的老前辈无疑满足了人们对于武侠的想象，而打一套拳就腰酸背痛的老前辈明显不是大众所乐于接受的。

每个人都喜欢想象，因为想象意味着希望，意味着在现实中难以实现或者无法实现的事情，这种想象原本不是坏事，人类就是这样一代代通过想象创造原本不存在的东西，最后改变世界，发展至今的。但是这也导致人们的常识混乱，人们更愿意相信以少胜多的战斗，更愿意相信武功练得好可以以一敌万，更愿意相信穷小子和白富美最终能够得到美满的爱情……因为这些都是与常识不符的，所以实际上人们更愿意相信那些不存于现实或者与常识相悖的人或事。

所以我在前言中强调要先保持“空杯心态”再来读这本书，因为按照大多数人看待常识的习惯，想要第一时间接受书中的内容，的确是太难了。

选择大于培养

接下来就要进入实用的阶段了，当我们接受人身上有部分特质是不可变的这个事实之后，就应该知道，我们不应该指责或者埋怨自己给某人太多的机会他却从不珍惜——因为他的性情是不可改变的，错不在他，错在我，当初选择他就选错了。

《鹖冠子·世贤第十六》中记载了这样一个故事：

卓襄王问庞暖，暖曰："王独不闻魏文王之问扁鹊耶？曰：'子昆弟三人其孰最善为医？'扁鹊曰：'长兄最善，中兄次之，扁鹊最为下。'魏文侯曰：'可得闻邪？'扁鹊曰：'长兄于病视神，未有形而除之，故名不出于家。中兄治病，其在毫毛，故名不出于闾。若扁鹊者，镵血脉，投毒药，副肌肤，闲而名出闻于诸侯。'魏文侯曰：'善。使管子行医术以扁鹊之道，曰桓公几能成其霸乎！'凡此者不病病，治之无名，使之无形，至功之成，其下谓之自然。故良医化之，拙医败之，虽幸不死，创伸股维。"卓襄王曰："善，寡人虽不能无创，孰能加秋毫寡人之上哉？"

庞暖给卓襄王讲了扁鹊和魏文王之间的对话，魏文王问扁鹊兄弟三人中谁的医术最高，扁鹊说，大哥医术最好，二哥次之，自己最差。魏文王很不解，于是扁鹊就解释说："大哥治病，是在病情发作之前就除了病根，所以大家认为他不会治病；二哥治病，是在病症刚刚发生的时候，病人还没觉得痛苦就药到病除，大家就都认为二哥只会治头疼脑热之类的小毛病。而我治病，都是在病症发作得十分严重之时，此时病人万分痛苦，病人家属心急如焚。他们看到我下猛药，动大手术，治愈或者缓解病症，就都认为我医术高超。”

管理学认为“事后控制不如事中控制，事中控制不如事前控制”，当我们看见不好的结果的时候，要反思当初选择的因，这就是为什么“菩萨畏因，凡人畏果”，“因”比“果”可怕得多，但是大多数人只见果而不见因。解决问题最好的方法不是当结果出现之后弥补，而是从最初就把“因”消弭，而消弭不好的“因”最好的方法就是选择。

这也就是为什么选择大于努力，选择大于培养。

其实国人自古以来就认识到人的不可变性，比如看起来很神奇的相面之术就是利用这一规律，因为“相由心生”，相面之术通过相貌判断一个人的本质，而这种本质又是不会变的，从而推测这个人接下来的行动，这就形成了准确率非常之高，仿似未卜先知的神奇手段。

据说汉高祖刘邦就擅长相面之术。

公元前196年，淮南王英布起兵造反，汉高祖刘邦平叛之后，皇子们皆年幼，遂任命代王刘仲的儿子刘濞来镇守淮南地区。

镇守一方不能无名无分，于是册封刘濞为吴王，但是在册封大典上，刘邦发现一个秘密——根据面相，刘濞是一个毫无忠心的人，也就是俗称的“脑后生反骨”，这样的人必将成为祸端。

刘邦此时十分后悔，但事已至此，反悔换人是不可能的了，于是就尝试改变刘濞，在册封大典上拍着刘濞的后背对他晓以大义:“东南地区在五十年后会有叛乱啊，难道是你吗?我们是一家啊，你可千万不要做这件事啊。”

刘濞自然是赌咒发誓表忠心。

在高祖一生中，刘濞都还算老实，然而刘邦一死，这位吴王就开始到处开采矿物，大肆铸造金银，大量生产盐，自古盐铁都是重要的战争物资，刘濞的反心昭然若揭。

汉景帝登基后开始削藩，刘濞联合六个诸侯起兵造反，也就是历史上著名的“七王之乱”。可见一个人的本质不是道理或者大义能够改变的。

多智近妖的诸葛亮犹有街亭之败，善于识人用人的汉高祖也亲手埋下了七王之乱的祸根，可见选择的重要性。所以当你发现一个人不合适的时候，不要犹豫，更不要期待他会改变，选择更合适的人远远比你为了改变他所做出的一切努力都有效。

其实不只是国人认识到这一点，在很久以前，阿拉伯就流传着一个驴子的故事。

很早以前，有一头驴子和一头野牛成了好朋友。它们经常在一起吃草、玩耍。有一天，它们发现一个园子，园子里到处是绿油油的青草，地上铺满了树上掉下来的果子。等到天黑，它们便钻进园子里，美美地吃着青草，嚼着果子，园丁却一点没有发觉。它们拼命地吃着，直到肚子变得圆鼓鼓为止。

驴子吃饱后，便高兴得想放声嘶叫了。野牛连忙劝阻道:

“看在上帝的分上，我的兄弟，请你忍耐一点，千万别叫唤！我们不是在此当看守的，我们是来偷窃的，倘若你一叫唤，园丁就会发觉，会用棍棒将我们赶走。凡事总有个时间和场合。现在，你就不可嘶叫。”

“嘿，你这个傻瓜，”驴子回答说，“天下再也没有什么能比音乐和歌曲更优雅，更能感动人了。可惜你对音乐一窍不通，不像我在这方面具有很高的天赋。因此，请你现在听着我唱，好好欣赏欣赏吧！”

“啊，驴子，你疯了！我们现在连讲话都不应该，你却还想唱歌！倘若你非要那么干，我们就会遭到和那个硬是要跳舞的倒霉的樵夫同样下场。”

“那是怎么回事？”驴子问道。野牛便讲了下面的这个故事：从前，在库尔德凡有一个樵夫。一天，他进山砍柴，在一个幽静美丽的林间空地上，看到十个男人围着一个陶制的大罐子坐着。他们不断地从罐中取出吃的和喝的，要多少，有多少。他们一边尽情吃着喝着，一边高谈阔论。

樵夫在旁看了一会儿，便上前和他们搭讪。没一会儿，樵夫便同他们攀谈得十分投机。他们中有一个人对樵夫说:“你如果有什么要求，尽管说，我们一定满足你的愿望。”原来，这些男人都是通晓法术的大师。樵夫便向他们要那个陶罐子。他们说:“你可以拿走这个罐子，只是它很难保管。要是打碎了，那实在太可惜啦。因为，再也造不出第二个了。这个罐子若被打碎，你会立即失去从罐子里所得到的一切。因此，你还是不要去想这个罐子，选择另外一件对你更为实用的东西吧！”樵夫不愿听这个劝告，仍然坚持道:“这个罐子，我只要这个罐子！我会像爱护自己脑袋一样爱护它的。”就这样，魔法师们便将这个陶罐子送给了他。

樵夫自得到罐子后，借助于罐子的魔力很快就成了拥有巨额财产的大富翁。有一次，他邀请他的朋友们吃饭。后来，他拿出这个使他致富的罐子向朋友们炫耀。客人们看到这个容器都十分惊奇。樵夫得意忘形地将罐子顶在头上，高兴地喊着：“啊！你真是我的财神爷！”他开始跳起舞来。刚跳到一半，他突然脚底一滑，朝前跌倒，罐子便从他的头上滑下来，顿时被摔得粉碎。

霎时间，他的全部财富也都不翼而飞了，樵夫又变成和以前一样的穷光蛋。野牛讲完后又补充说：“糊涂的驴子啊，那位樵夫之所以受到惩罚，是因为他跳舞跳得不是时候；而另一个相似的不幸将落到我们头上，如果你叫得不是时候的话。”

尽管野牛再三劝告，驴子还是提高嗓门，大声嘶叫起来。园丁们一听到嘶叫，马上喊起来：“哎呀，一头驴子闯进园子里来了。”他们急忙赶来，除驴子以外，还发现了一头野牛。他们将野牛看成上帝的礼物，立即宰了它，将牛肉放在平底锅里烧，或叉在铁签上烤。他们把驴子关进厩里。从此，驴子被套上鞍具，天天从早到晚干着沉重的活，一直到死。

寓言读了很多篇，史书读了很多遍，但这不代表读过的书能够让你改变。就如同故事中的驴子，听了牛的寓言，难道就不叫了吗？

想要不遭遇牛的苦难，最好的办法不是给驴子讲故事，试图去改变它，而是从一开始就不选择和驴子做朋友，或者不和它一起去园子，因为这就如同背着蝎子过河一样，充满了风险，选择比试图改变更重要。

第三节 天理和人心的辩证

一本好书，会踏踏实实地教你成长，不会好高骛远地教你改变。这就是为什么有的书能够改变人的一生，而有的书却只是浪费时间的原因。

而一个人的成长，首先要从找到方向开始，那么我们的成长应该遵循什么样的方向呢？

一般来说，一个人成长应该遵循的方向，无非天理与人心两种。

古往今来对于天理这个概念的解释有好几种，此处我们所讨论的天理是指自然的法则，而人心是指一个人内在的所思所想，所感所知。

天理是外在规律，人心是人的感知，这两者一个在内，一个在外，一个受到人的影响，一个不以人的意志为转移。

我们都知道，天理是不会改变的，而人心却是很容易改变的，注意，人是不会变的，不代表人的性情不会变，人心可变不代表人可变，不要混淆两者的概念，天理昭昭，从未改变，人心叵测，朝夕不一。

那么我们应该遵循天理还是人心？

如果我们选择遵循天理，也就是遵循那些不变的东西，但是我们发现世界在改变，事物在发展，如果不变就会被淘汰。

那么如果我们选择遵循人心，但是人心又缺乏一个衡量的标准，往往都是“跟着感觉走”，生活中我们都知道，跟着感觉走一般都是没有办法之后的无奈选择，因为跟着感觉走不一定就是对的，我们只能说它不一定是错的，这种选择不确定性太大了。

那么问题就产生了，我们到底应该遵循天理还是人心？

其实，天理就是人心，人心就是天理。

也许你会觉得这个观点很无稽，天理和人心如阴阳两面，怎么能混为一谈呢？阴与阳虽然相互对立，但也可以相互转化，安知天理与人心本质上不是一样的呢？

实际上天理就是人心的观点，天理并不是指某一个人的人心，而是人心所向，也就是说，天理是所有人的心。

在这一方面，最典型的案例就是羞耻心和恻隐之心，这两种就属于人心所向，所以天理就是有羞耻心和恻隐之心。

关于羞耻心，有这样一个有趣的故事：

在明朝武宗正德元年，王阳明先生就任庐陵县令期间，曾经抓到过一个罪恶滔天的江洋大盗。

王阳明亲自审问这个江洋大盗，这个江洋大盗对各种讯问强烈顽抗，摆出一副滚刀肉的架势，表示出“要杀要剐，悉听尊便，想让我认罪，门都没有！”

王阳明于是说：“那好，今天就不审了。不过，天气太热，你还是把外衣脱了，我们随便聊聊。”

大盗说：“脱就脱！我都要死了还怕什么？”于是大盗当堂脱了外衣。

王阳明又说:“这样还是很热啊，你把内衣也脱了吧！”

大盗把内衣也脱了，打起了赤膊。

过了片刻，王阳明说:“还是热，你把裤子也脱了吧！”

大盗满不在乎地脱掉了裤子，只穿内裤站在朝堂上。

阳明先生又提议说:“内裤也脱了吧，索性轻松自在！”

大盗:“这……不太方便吧？”

王阳明说:“有何不方便？你死都不怕，还在乎一条内裤吗？看来你还是有廉耻之心的，你并非一无是处呀！”

于是，江洋大盗被彻底折服，乖乖地认罪伏法。

人皆有羞耻之心，江洋大盗连死都不怕，却仍然保留着羞耻之心。除了羞耻心，恻隐之心也是人所共有的。

如果一个人看到路边一个很可怜的乞丐，自己身上又不缺钱，帮不帮？

大概是会帮的，但是帮归帮，和这个人是好还是坏却没有必然联系。一个小偷，偷来的钱难道就不会施舍给乞丐吗？我们看到这种“劫富济贫”的人多了，劫富的时候杀人如麻，半点活路不给人留；济贫的时候又充满爱心，扶老爱幼。

这种情感是人人都具备的，也是人心所向，也就是天理，所以我们才说，天理也是人心。

同样反过来，人心即是天理，这就像天平的两边是等重的一样，天理是人心，人心也是天理，人心存天理，每个人心中都有一个天理，也就是价值观，那个天理形成之后就没有变过，每个人的心中都有一份自己的坚持，而这种坚持就是他的天理，我们常说，一个人“认死理”就是这个意思，但是不认死理的人心中就没有自己坚持的价值观吗？

同样有，所以每个人心中都有一个天理，只不过每个人心中天理都是不一样的。

所以天理就是人心，人心就是天理，只不过不能简单地把天理和人心混为一谈，天理是众人心，而人心是个天理。

个天理的形成

那么每个人心中的天理又是如何形成的？

每个人心中“个天理”的形成过程和每个人成长过程中感受到的息息相关。

比如说“孝”，全世界只有中国有“孝文化”，孝也是儒家文化中最核心的观点之一，孝有三个层次：养父母之身，养父母之心，养父母之慧。

为什么会有这三种层次呢？原因在于每个人对“孝”这件事情上的“个天理”不同。有的人觉得让自己的父母老而无忧，不会因生活所困就是孝，因为小时候父母每天忙于赚钱，给他创造物质条件，所以他的“孝”就是忙于赚钱满足父母的物质条件，让他们身体好，不为了生活去发愁，也就是养父母之身。

有的人小的时候过得很快乐，父母可能没有给他充足的物质条件，但是经常陪在他身边，让他的童年充实而快乐，那么这个人长大之后就会觉得，要让父母不仅仅获得物质上的满足，还要活得快乐，也就是养父母之心。

有的人小的时候，父母给他讲过很多的道理，引导他树立了正确的观念，那么这种人长大之后在“孝”的问题上理解就会更加深刻，他们往往会引导父母获得更多的智慧，让父母过得更幸福，也就是养父母之慧。

还有一种人，小的时候父母对他们很好，但是长大之后这些人要做“巨婴”啃老，做不孝子，不管父母。实际上这种人也是形成了一种天理，我的就是我的，你的也是我的。

大多数人的想法中认为“受人之恩当加倍回报”，但他们的价值观就是“别人为我付出是应该的”。他们的父母为他们付出了很多，父母觉得是应该的，这种人也觉得是应该的，于是就出现了各种“巨婴”和“不孝子”。

实际上一个人小的时候，父母照顾他是应该的，但是他长大成人之后，父母仍然把这种照顾和付出视作理所应当的，父母只给他们受到照顾的结果，没有让他们有感恩的意识，父母觉得这是应该的，他们也觉得是应该的，最终让这个孩子形成了一种“自己受到的一切照顾都是应该的”这样的天理，所以他们不会有不好意思和愧疚，因为他们认为天理如此。同样的事情让有些人来做是完全做不出来的，因为过不去心里的“天理”一关。

而对于这种人是不能讲道理的，因为道理永远讲不过天理，道理强调的是应该，而天理强调的是存在，你可以说一棵树不应该长这么矮，但实际上某一棵树就是长这么矮，“不应该”是说服，“实际上”是存在，并且天理一旦形成就不会改变。

我们知道了天理就是人心，人心就是天理，但每个人的天理都是个天理，所以我的天理不是你的天理，我不是你，你不会做我的诗，我也不会做你的梦，所以不要用自己的天理来衡量别人的天理，因为对别人来说，你的天理仅仅是道理。

很多时候，试图说服别人的做法是徒劳的，因为人是不会变的，他（她）心中的天理已经形成了：

传说在很久以前，一位高僧住在镇子附近的寺庙里，镇子上一位少女未婚先孕，父母逼问少女，孩子的父亲是谁，少女无奈，说孩子的父亲是镇子附近庙里的那位高僧。

于是孩子出生后，少女的家人抱着孩子找到了高僧。

高僧听少女的家人说明来意之后，什么也没说，只是接下了孩子。

此后，高僧每天带着孩子挨家挨户地讨奶喝，于是高僧的“事迹”在小镇上传开，人们纷纷对高僧指指点点。

高僧对这些当面或者背后的诽谤甚至辱骂毫不在意，仍旧每日参禅礼佛，照顾孩子。

数月之后，少女经受不住内心的煎熬，承认孩子的父亲另有其人，高僧被证明清白，少女和家人惭愧地找到高僧说明情况，高僧只是笑笑，就把照顾得白白胖胖的孩子还给了少女。

后来有人问高僧：“你蒙受不白之冤，为什么不辩解呢？”

高僧说：“名誉本是身外之物，能解少女之困，也能拯救一个小生命，这样的善事何乐不为呢？况且当我们被误解时，即使辩解，也没人愿意听。因为人们都是按自己的所闻、理解做出判断，每个人其实都很固执。他若理解你，一开始就会理解你，从始至终理解你，而不是听你一次辩解而理解。”

所以不要迷信“说服”的力量，人是不会变的，当一个人心中的“天理”已经形成，是不可能通过说服或者道理来改变的。

道理是应不应该，而天理是存不存在，这很好理解，从人心的视角来衡量世界，标准就是应不应该，而从上帝的视角来衡量世界，唯一的标准就是存不存在。

之所以花大量的篇幅来论证人心与天理的关系，是希望能够解决一个问题：

人生在世，因为客观原因和环境限制，总会有些事情是不能选择的，这时候我们就需要知道不能选择的时候该怎么办？

明白了天理与人心之间的关联与差异之后，你就不会纠结于不可改变的问题了，因为人各有天理，且不可改变，无法说服，明白了这个道理，你就不会执着于对与错，多与少，得与失。

这样当你不能选择的时候，实际上你还是能够选择的，这种选择就是选择相处，或者说是释怀。

第二章 人性的善恶之辩

说到对人的认知，首先我们需要明确对人的理解，我们应该如何理解“人”。

我们说“人要认清自己身上不可变的部分”，如果你对一个人都不了解的话，也就谈不上变或者不变，因为他无论是否改变你都不会发现。所以从某种程度来说，人的不变性建立在对人了解的基础上。

对于人性的了解，我们从一个争论千年的话题开始——放心，不是先有蛋还是先有鸡的问题。

儒家认为“人性本善”，荀子则提出“人性本恶”。关于人的本性是善还是恶的争论直到今天仍无定论，实际上，人性的善恶之辩不仅仅是单纯的善与恶的争论，对于人性的善恶，历史上一共存在四种观点，分别是：

1. 人性本善
2. 人性本恶
3. 人性无善无恶
4. 人性有善有恶

那么我们该如何理解这个问题呢？

第一节 二元四维说人性

这一节的名字叫作“二元四维说人性”，二元是指善与恶，四维指的是从古至今对人性的四种观点。

性善论

首先是流传最广的“人性本善”观点，儒家对于人性善恶的思考也许是最早的，孔子与孟子都是人性本善论的支持者，他们认为仁义与食色一样都是人性中的一部分，甚至家喻户晓的《三字经》开篇即写道:“人之初，性本善”。

除了我国的思想家之外，在世界范围内，这一观点也有不少支持者，比如古希腊哲学家苏格拉底。

他认为人的内心包含关于外部世界的原则，这个原则被他称为“德性”。

具体来说，苏格拉底的观点是，如果一个人知道什么是善，那么他就是会去做。而如果一个人不清楚善与恶的定义，那么他无论是行善还是为恶都是一种无意的行为，没有善恶好坏之分，如果一个人做了恶事，那么只能说明他不知道什么是善，因为无人自愿作恶。

这种思想深刻地影响了他的弟子柏拉图以及他的徒孙亚里士多德，柏拉图对人性的认识以灵魂为基础，他认为灵魂由理性、欲望和激情三个部分组成，这也就是著名的“柏拉图人性三分说”，其中的思想非常复杂，简单来说，柏拉图认为每个灵魂都追求善，都把它当作自己的全部行动目标。

而亚里士多德的人性论囊括了自然主义、理性主义和德性主义三大思维原则，准确地说，是在自然主义原则的基础上，建立了理性主义和德性主义，亚里士多德认为人的本性是理性的，并以此提出“人是理性的动物”这一命题，在此命题中，他认为人具有主动选择理性生活的能力，而这种理性生活也就是道德生活，这是人与动物在生活上的本质区别。

可以看到，亚里士多德的人性观上虽然没有直接阐述人性本善，但是他所提出的“理性”这一概念就与道德和善的概念是一致的，也就是说“希腊三贤”全都是人性本善论的支持者。

更近一些的，19世纪德国哲学家路德维希·安德列斯·费尔巴哈和美国著名社会心理学家、第三代心理学的开创者亚伯拉罕·马斯洛都是人性本善论的支持者。

性恶论

至于人性本恶的观点也是古今中外都不乏支持者的，最早提出这一观点的，应该是战国末期赵国思想家、教育家荀子（现在很多学生还在学他的《劝学》），他的思想对国人的影响也是相当深远的。

荀子性恶论是我国古代关于人性论的重要学说之一，他认为“人之生也固小人”。

具体来说，就是荀子认为人性中不包含孔孟认为有的“仁义”，天性中没有“善”的因子，而只有各种偏重于兽性的情绪欲望，比如食色、喜怒、贪婪等（今人之性，生而有好利焉），从这一点上，不论是“君子”还是“小人”都一样，君子的“仁义”都是后天所成（不可学、不可事而在天者谓之性。可学而能、可事而成之在人者谓之伪。是性伪之分也）。

可以说，荀子的一句“人之生也固小人”概括了整个“性恶论”。

他的弟子韩非子作为法家集大成者，在对于人性的看法上与老师荀子一样，他认为“人性自利”，也就是人与人之间的关系本质上都是利益得失的算计。这种“利”支配一切的社会观，在《韩非子》第十七篇《备内》中有详细地阐述，除此之外，这种思想在《韩非子》其他各篇中也多有提及，比如“夫民之性，恶劳而乐佚。佚则荒，荒则不治，不治则乱，而赏刑不行于天下者必塞。”（《韩非子·心度》）；“夫安利者就之，危害者去之。此人之情也。”（《韩非子·奸劫弑臣》）；“好利恶害，夫人之所有也。”（《韩非子·难二》）

在古罗马帝国时期，天主教思想家圣·奥勒留·奥古斯丁也是性恶论的支持者，只不过他的思想带有浓厚的宗教色彩，他认为婴儿降生的时候并不是带着善或者恶的性质，而是带着向善或者向恶的倾向——向恶的倾向要远远大于向善的倾向，他将两者之间的差距称为“原罪”。

这种“原罪”是人类用自己的判断标准取代了上帝制定的自然法则所带来的结果（奥古斯丁将之称为“违背了与上帝的约定”）。这种“原罪”导致了人类造物主（或者自然）之间的隔阂，从而失去了自救的能力，无法排除这种原罪。

无独有偶，十七世纪英国政治家、哲学家托马斯·霍布斯也是支持性恶论的，他认为人在本质上是自私自利的，这一思想在他的著作《利维坦》中彰显无疑，他认为个人之间的利益是互不相容的，于是斗争就变得顺理成章了，他认为在这种情况下，自然状态会表现为“一切人反对一切人的战争”。

这里需要注意的是，性恶论的观点并不是一种自暴自弃或者自我厌弃的状态，也并不是说对人性的一种贬低，人类的欲望和激情都没有罪，这些观点只不过是试图对人性的客观描述而已，秉承这些观点的哲学家们只是希望找到人类更好的生活方式，而非像现在网络上的毒鸡汤一样单纯是一种负能量的传播和宣泄。（比如霍布斯的观点中就有通过结束“一切人反对一切人的战争”的自然状态来达到自我保存和寻求和平发展的部分）

无善无恶论

第三种观点认为人的本性是无善无恶的，这种思想集中表现在道家的思想之中，明末清初思想家、经学家、史地学家和音韵学家顾炎武曾经说过：“五经无‘真’字，始见于老庄之书。”其中的“真”字就是指的人性的这种无善无恶的状态。

所以道家的修行又被称为“修真”，在道家的思想中认为这种无善无恶，无欲无求也无所作为的状态就是人的本性，而人生的目的也就是摒弃善恶，革除欲求，保全人性中的这种“天然”的状态，从而完全地顺应自然，符合自然。

庄子认为“人性”本身就是“道”（道者，德之饮也；生者，德之光也；性者，生之质也《庄子•庚桑楚》），因为“道”是自然的、完美的，所以与生俱来的人性也应该是完美的，只要保持本性就可以保持与天地大道的和谐。

并且庄子的善恶观也独树一帜：“以道观之，何贵何贱，是谓反衍，”“与其誉尧而非桀也，不如两忘而化其道。”（《庄子秋水》）

和庄子秉承同一种善恶观的还有告子，他曾经说过："性犹湍水也，决诸东方则东流，决诸西方则西流，人性之无分于善不善也，犹水之无分于东西也。"告子认为，人性中既没有善也没有恶，就像水一样，根据环境的变化表现出不同的性质，虽然与道家思想中的"真"有所不同，但实际上告子的这种思想也是支持人性中无善无恶的。

开创了心学的一代大贤王阳明也是这种论点的支持者，在"心学四诀"中如是说："无善无恶心之体，有善有恶意之动，知善知恶是良知，为善去恶是格物。"也就是说，心之体本来就是无善无恶的。

不过，这种观念似乎局限于国内，据我所知，外国的哲学家中并没有持类似的善恶观的。

有善有恶论

最后一种观点认为人性中有善有恶。西汉思想家、政治家、教育家董仲舒就是这一观点的支持者，他对于人性的理解脱胎于他的"王道政治"，他认为天道是王道的形而上基础（不存在实际地位），天道分阴阳，所以人性中也包含着善与恶两个方面。他把人性分为性与情，认为人性中的善从性中脱胎，但同时性中还有情，而情是恶的。

这种人性中善恶并存，阴阳共生的观点并非董仲舒独创，在先秦时期的文献中就有类似的记载如《孟子》中写道"有性善，有性不善"（这句话是书中描写别人说的话，并非出自孟子之口，原文中这段话的出处是"或曰"，也就是"有人说"的意思，这个"或"代表的是谁实在是难以考证），就是这种人性中善恶并存的观点。

在王充的《论衡》中，记载了一个名叫“世硕”的周人对人性的看法也是如此（周人世硕以为人性有善有恶，举人之善性，养而致之则擅长；恶性，养而致之则恶长。如此，则情性各有阴阳，善恶在所养焉。《论衡·本性》），世硕是孔子的弟子，他与孔子弟子宓子贱、漆雕开等都是认为人性中有善有恶的。

古希腊数学家、哲学家毕达哥拉斯和英国文艺复兴时期散文家、哲学家弗朗西斯·培根则认为人的灵魂是可善可恶的。

除此之外，号称日本第三大历史小说家的山冈庄八在他的著作《德川家康》中如是写道：“人的心中，佛祖和魔鬼并存，无人心中只有佛祖，也无人心中只有魔鬼。”

这种人性中有善有恶的观点实际上可以具体分为两个种类，一种是强调个体差异，也就是有人性善，有人性恶，如唐宋八大家之首的韩愈曾提出“性三品说”，性之品有上中下三。上焉者，善焉而已矣；中焉者，可导而上下也；下焉者，恶焉而已矣。另一种观点认为，每个人心中都同时具有善与恶的成分，如西汉时期的扬子云（扬雄，字子云，西汉时期蜀郡文学家、哲学家，《陋室铭》中“西蜀子云亭”中的子云即为扬雄）就曾提出“人之性也善恶混”（《法言》）。

可见这种人性中善恶并存的观点也是很有市场的。

千百年来，对于人性的认知争论不休，国人大都受到儒家文化的影响而乐于接受和秉承人性本善论，西方则因为宗教的原因，认为人类本身是带着原罪的，往往更加倾向于人性本恶论。

两种观点上的差异导致东西方对于人性的认识从思想、文化乃至发展方向上都存在相当大的差异。

实际上，在管理学上，管理者对于人性的认识也会影响到一家企业的管理方式，如果管理者秉持性善论，那么他的管理方式就会充分信任员工，实行民主式管理，发挥员工的积极性与创造性，给员工搭建没有天花板的舞台，让他们能够充分地施展才华，甚至实行“参与式”管理，让员工参与到企业的相关决策与管理之中。

如果管理者认为人性本恶，那么就会不信任员工，实行“胡萝卜加大棒”的管理方式，进行严厉的外部监督与控制，以金钱为主要激励手段，严禁一般员工参与管理，只要服从指挥，完成任务即可。

如果管理者认为人性中有善有恶或者无善无恶，其管理方法都会倾向于认为员工是具有可塑性的，他们会积极为员工创造良好的环境和条件，引导员工积极努力工作，注重培训、教导和示范。

东郭先生、南郭先生和蛇

人性中的善与恶由人的行为来进行判断，但善行不一定会有好的结果，比如救狼的东郭先生，而人性中恶的部分也不一定会造成多么大的危害，比如滥竽充数的南郭先生（南郭先生的行为可以界定为想要不努力而有收获，正是人性中的懒惰、贪婪）。但是每个人都必须遵守的一点是：不要让自己的本性伤害到别人，同时要远离那些会因为本性而伤害你的人（过河蝎子的承诺永远不可相信）。

关于这一点，我恰好有一篇故事与大家分享：

东郭先生狼口脱险之后，拜谢了救自己的农夫，骑着驴子，背上书袋继续前行，忽然林间走出一个手拿竽，乐师打扮的人上前问路，东郭先生见他不像个没文化的人，就攀谈了两句，一问之下，此人自称“南郭先生”，原是齐宣王的乐师，东郭先生大喜道：“我叫东郭，你叫南郭，此番相遇，岂非天意所致？”

南郭先生也很高兴，于是两人结伴而行，路上东郭先生倾诉了自己与狼的事情，喟叹道：“我读圣贤书这么多年，就没见过如此忘恩负义的狼。”想到自己一片好心，反而差点葬身狼腹，更加愤恨：“我发誓以后再也不姑息这世上的坏人！”

南郭先生也长叹一声：“莫说先生不幸，谁又幸运呢？我本是齐宣王的乐师，我知道先王喜欢排场，就毛遂自荐，加入了乐师的队伍，平日里与各位同僚处好关系，演奏的时候也不费力气，日子过得也清闲。可是他的儿子继位以后，却要单独听乐师演奏，我只好另谋生路，哎！”

东郭先生劝道：“兄台莫愁，取巧终究不是正道，不如多读几本圣贤书，实在不行学几门手艺，优哉游哉地生活也并不难。”

“是啊。”南郭点头道：“以后我也不打算做滥竽充数之事了，我要改变自己，踏踏实实地做事，凭本事吃饭！”

两人都有改变自己的意思，觉得志趣相投，更加亲近，一连数月都结伴而行。

俄尔冬至，大雪纷飞，东郭与南郭两位先生结伴出游，忽然在路边看见两条被冻僵的蛇，一条浑身青绿，是条常见的无毒草蛇，而另一条五彩斑斓，一看就是毒性猛烈的毒蛇。

东郭先生一时又动了恻隐之心，上前欲救，却被南郭一把抓住："老兄，你忘了中山之狼了吗？"

"狼和蛇又不一样，但兼爱的道理是一样的，见死不救实在不是我的风格。"东郭的迂腐劲儿上来，反过来拉起南郭道："读圣贤书所为何事？若是见死不救这书不就白读了，这里正好两条蛇，南郭老弟还是和我一起兼爱一把吧！"

南郭实在不愿意干这有风险的事情，但被东郭拉着又不好拒绝，于是说道："那我选那条青蛇，花蛇你来。"

东郭先生也知花蛇有毒，犹豫了一下，还是点头答应了南郭。走上前去拿起花蛇，拉开自己的衣襟，把花蛇放到胸口，南郭也如法炮制，把青蛇放在胸口，但南郭是决计不信蛇会懂什么兼爱的，一只手放在怀中，死死捏住青蛇的嘴巴。

半刻钟之后，南郭感觉怀中的青蛇开始动了，捏住蛇嘴的手不由更用力了。忽然身后一声大叫，回过头去，只见一条花蛇从东郭先生的怀中窜出，落到一边雪地上，须臾就不见了，而东郭先生则缓缓倒地，嘴唇青紫，脸色发黑，正是中了蛇毒。

南郭从怀中拿出青蛇，不敢放下，死死捏住，探了一下东郭的鼻息，发现还有气，急忙向着住在附近的一位捕蛇人家里跑去，这位捕蛇人姓蒋，祖籍永州，家里世代捕蛇为生，尤善于捕蛇和解蛇毒，是南郭先生偶然认识的，到了捕蛇人的家，南郭用手中的青蛇向捕蛇人换取了一份蛇毒的解药，并请捕蛇人随自己一起去救东郭，一番折腾之后，东郭终于捡回一条命来，躺在床上向南郭道谢，并相约病好之后继续同行。

南郭摇头道：“我跟着你只是为了混口饭吃，如今看来，你有你的坚持，我有我的想法，心不同，道不同，何苦非要同行？”

后来，南郭加入了合唱团四处演唱，而东郭据说因为在路边扶起倒地的老人而惹上官司，进了班房。

再后来就没人知道这两位“郭先生”的下落了。

故事中的东郭先生本性是“善”，但这种盲目的善并不可取，因为很容易害人害己，同时东郭先生犯了一个错误，就是用自己的本性去要求别人，强拉着南郭先生救蛇。

而南郭先生的本性是“恶”（确切地说，是性恶中的懒惰）先跟着齐王混日子，后来跟着东郭混日子，他最聪明的一点，就是发现东郭的本性会伤害到他之后果断地选择离开，试想如果他还跟着东郭一起，那么惹上官司的想必就不止东郭一个人了。

所以记住两个原则：

1. 不要放任自己的本性伤害别人；

2. 一定要远离那些会因为本性而伤害你的人。

前者是修养，后者是智慧，因为人的本性是不可变的，一个会伤害你的人，你和他在一起越久，被伤害的次数就越多。

认识你自己

在古希腊时代，德尔菲神庙被认为是“世界之脐”奥姆法洛斯的遗址，同时这里也是阿波罗颁布神谕的地方，关于这个神庙中的神谕有诸多神奇的传说，因而在当时的人们心中，德尔菲神庙的神谕是神圣而准确的。

在这座神庙中有一句神谕的内容是“认识你自己”，包括苏格拉底在内的古希腊哲学家们都把它当作自己终身的格言，或许关于人性的各种思想能够在古希腊蓬勃发展，就离不开这句神谕的引导。

千百年来，先贤智者们孜孜以求，所有对于人性的争论与研究，实际上都是为了看清我们自己。

就像功夫大师李小龙说的:“人不了解自己时是最糟糕的。”从始至终，一代代的人研究人都只是为了摆脱蒙昧，真正地认识自己。

在序言中，我们提到，对于大多数初次阅读本书的读者来说，读这本书能够有三个层次的收获，前两个层次在第一章中已经有详细地讲解了，第三个层次是跳出当下的局限，选择未来的自己，进而真正地成为自己的主人。

认识自己，就是成为自己主人的第一步，这需要对自己，对人性，对群体有深刻认知，建立这种认知我们会在接下来的阐述中慢慢地展开，此处我们只涉及“选择未来的自己”这一部分。

认识自己，同样是选择未来自己的第一步，正如老子所说:“知人者智，自知者明。”了解人性才能有足够的智慧洞明

世事，达练人情，知道自己的人性才能真正地认识自己，

我们一直在强调选择的重要性，因为人类天生就适合选择，因为人类有足够的自由，你可以选择说什么，做什么，午饭可以选择一家合口味的餐馆，你也可以选择一份你所热爱的事业作为你的工作，你可以选择自己喜欢的城市居住，当你觉得某人与你合不来时你可以选择离开他……人类有太多可以选择的空间，所以你当然也可以选择自己成为什么样的人，选择将来的自己。

也许你觉得自己现在有太多的无奈，很多时候没有选择的余地，但仔细思考你会发现，在你的生活中有太多选择的余地，休息日午后的闲暇时光，你可以选择小憩一会儿，打扫一下屋子，也可以选择与几个益友聊一聊天，更可以选择学习一些对自己有用的知识；午休期间，你既可以选择赖在椅子上刷刷微博，也可以选择读几页自己喜欢的书，更可以选择做一些对自己以后的生活有用的事情；甚至每日睡前的几分钟都可以用来培养一些非常好的习惯……总之每个人都有着太多的选择，只不过很多人把它们都放弃了而已。

人的选择构成了他的内涵，选择午后进修的人自然知识渊博，选择饭后写作的自然文章锦绣，选择利用散碎时间的人自然时间利用率就比别人高……每个人的内涵和优势仅有极少数是天生的，大多数都来自人的选择。正如鲁迅所说："哪里有天才，我是把别人喝咖啡的时间都用在写作上了。"

基于这个事实，选择未来的自己就成了一件并不困难的事情。我们首先要做的就是认清现在的自己，然后在心中勾勒未来的自己，注意，"认清现在的自己"这个过程非常重要，

你必须知道自己的本性，因为人是不会变的，所以如果你选择了一个与自己现在本质不同的未来自己的话，你所面临的困难以及失败的概率都将成倍提高。

当你经过前两个过程之后，就要开始选择了，选择可以让你向着心目中的自己前进的选项。

比如你现在是一个职场小白，而你选择的未来自己是一个销售精英，那么你就要选择所有可以提高你销售能力的那些选项，比如早上你要选择六点起床学习销售知识而不是睡到八点，饭后你要抓紧时间请教前辈而不是小睡片刻，晚上你不是抱着手机努力打游戏而是总结得失，计划明天的工作。

比如你现在是一个体重 200 斤，相貌平平的姑娘，而你选择的未来自己是一个身材苗条，妆容精致的美女，那么你就要选择一切能够让你减轻体重，塑造身材的选项，并且选择那些能够提高你化妆技艺的选项。

读到这你可能已经发现了，主动的选择并不一定是一件让人愉快的事情，你必须有足够的觉悟，因为选择就意味着放弃，当你选择某一个选项的时候，就意味着你放弃了其他的选项，这种放弃是永久的，因为时间永远不会倒流，当你在岔路口选择了左边的路之后，也许你有机会再回到这个岔路口，但那时右边的路和上次你站在这里时完全不一样了。

或许正如美国诗人罗伯特·弗罗斯特所说：

"林子里有两条路，我——

选择了行人稀少的那一条，

它改变了我的一生。"(《未选择的路》)

这就是选择的魅力，得到的同时也就意味失去，当你选择勤奋，就意味着你放弃了懒惰，当你选择奋斗，就意味着放弃了颓废，当你选择坚持，就意味着放弃了放弃。

所以选择未来自己的方法很简单，首先认清现在的自己，勾勒未来的自己，然后选择，放弃，坚持。

人的自由不是用来肆意妄为或者随波逐流的，这是命运赋予每个人最大的宝藏，要以认知为引，选择为线，用这份自由来实现自己想要的未来。如果你对现状迷茫，找不到目标的话，就试着认清自己吧，看不清眼前是因为没有看清自己，如果你对未来恐惧不知道何去何从的话，就尝试了解自己的人性吧，当你足够了解自己的人性的时候，你就会自然而然地知道自己需要什么。

最后，认清自己之后，要能够直面自己，接受自己（尤其是接受自己人性中恶的部分，掩饰或者自欺欺人是没有意义的），才可能进一步战胜自己，老子在“知人者智，自知者明”之后还有两句“胜人者力，自胜者强”。

这种“自胜”大概就是直面自己的本性之后获得的勇气吧。

也许千百年来关于人性的善与恶这个问题一直争论不休，得不到结果，是因为其中争论的点出了问题，人性本身就不能用简单的善与恶来界定，因为人类理解中的善恶只是因为站的角度不同，这个人的本性对你有利，你就会认为他是好的，如果对大家都有利，那么大家就会认为这个人性本善，反过来如果一个人的本性对你有害，你就会觉得他是个坏人，如果对大多数人都有害，那么这个人就是人性本恶。

所以这本书没有从善与恶的角度来看待人性，而是从变与不变的角度来探究人性的规律。

其实，从个体的角度来说，人性本身没有纯善的，也没有纯恶的，生命存在多元性，有的人善多一点，有的人恶多一点，有人善恶都很少，有人善恶都很多。正如五行阴阳不能混为一谈，这种多元性也不仅仅只有善与恶两种。

同时在这个多元性的基础上，每一个个体的本质构成却是不变的。

那么我们就不得不面临一个问题：如果每个人的性情都是不可变的，那么我们随波逐流不就好了，为什么还要努力呢？

第二节 做正确的事情

在前言中提到读这本书所能达到的三个层次，其中第二个层次就是当无法选择的时候也能够淡定从容。

人身上有部分特质是不可变的，这就是造成有些时候我们没有选择，因为这种不能选择会产生很多的问题。

从个体的角度，如果人身上有部分特质是不可变的，为什么还要努力？从组织的角度，在工作中一直和某人配合不好，或者在生活中一直不能和某人好好相处，该怎么办？从社会的角度，一个人想要改变社会几乎是不可能的，那么该如何在社会中自处？

首先从个体的角度，一个人的努力与环境无关，这是生命的本质，一棵树不会因为自己长在贫瘠的土壤里就放弃生长，一颗种子不会因为自己刚发芽就被风吹雨打而放弃生长，一条蛇不会因为自己被鹰抓住就放弃挣扎……放弃，只存在于人类的字典中。因为努力是生命的本质，和一切的环境与命运都无关。

所以人身上有部分特质是不可变的和你努不努力有什么关系呢？

从组织的角度，每个人都隶属于组织，有的时候人是可以选择组织的，比如公司，而有的时候人是很难选择组织的，比如国籍，你可以选择移民，但是移民并不是一件简单的事情。有的时候我们会选择离开一个组织，有的时候我们会选择留下来，而离不离开实际上和你对这个组织的依赖感有关系。

不管你对组织的依赖是强是弱，决定你在组织中是否顺利的是组织中的个体，个体在组织中强调的是存在的意义。每个人在和一个组织打交道的时候都要知道自己在组织中的目的是什么。

这个目的就是自己在组织中最应该关注的点，也就是你在组织中的定位。这个定位可以很大也可以很小，但是无所谓高低贵贱，一个人觉得自己是机器上的一颗螺丝，或者柜子上的一个把手，树上的一片叶子。

一片叶子和整棵树之间有着什么样的关系呢？或者说，一个人和整个组织之间有什么样的关系呢？只有觉得自己是整体的一部分的时候，你才知道自己的目的，才与整体相关。一片叶子，只有作为树的一部分，才被称为树叶，否则就是叶子。

所以个体和组织相处最重要的是什么？你可以叫归属感，

或者定位。只有知道自己在组织中存在的目的，就明白了自己作为个体的意义。一个人如果不知道自己在组织中存在的意义，那么你也不会明白组织存在的意义，也就不会明白组织中个体之间相处的意义，那么与组织中其他人的相处自然就会成为难题。

明白了自己在组织中存在的意义之后，个体和整个组织的相处也不会成为难题，难道当整棵树状态不好的时候，树叶就不生长了吗？每个人都应该知道自己存在的意义，与组织无关的是，无论组织好坏都应该尽自己最大的努力做好自己的事情，与组织相关的是，每个人都要明白组织更像是一个人的名字，当我起这个名字的时候可能很随意、很偶然或者无法选择，你要明白名字不是你，叫“静静”的不一定很安静，叫“大壮”的也可能很瘦小，叫“文才”也不一定有文才，名字可以指代你，但你不是名字，但是名字叫久了，就会有一种归属感。但组织是组织，你是你，之所以一个人和组织之间相处不愉快是因为没有看清这一点，组织把你的事情当成组织的事情，你把组织的事情当成自己的事情，比如，一个组织要求员工应该努力工作，积极进步，这是员工自己的事情，结果被组织当成了组织的事情，这样就会发生冲突。个人角度，你对组织的不满很可能是因为你不在其位论谋其政，论着论着，就会出现不满和冲突。

每个人和组织的关系类似于人本身和名字之间的关系，每个人都应该明白自己是自己，组织是组织，而组织和个体之间的联系就是一个人在组织里的定位——你在乎这个组织吗？这就像是你的姓氏，你如果在乎，那么这个姓氏就会跟着你一辈子，甚至在你的后裔中传承，但是你不在乎，改名改姓的人多了，也不差某一个。

一个人在组织中所有的迷惑和困难都在于找不到自己的定位，你如果在乎这个组织，那么和组织相处不会因为组织里的某个人或者组织的状态而发生改变，你不在乎它，组织就像是名字一样，说换就换。

前文中我们阐述了个体的目的和组织的本质，个体是实质的，组织是虚构的，组织只是大家共同意愿的集合，而大部分人没有意识到这一点，所以就搞不好和组织之间的关系。

从组织的角度，组织里面任何人的好坏，甚至整个组织的好坏都和我无关，我应该找准自己的定位，做好我自己。

只有人在组织中找到自己的目的和定位，并且由此产生了在乎甚至是爱，那么和组织之间的相处就会从容，就好像你爱自己的姓氏一样。

我们说人是不会变的，其实组织本身也是不可变的，很多时候我们觉得一个组织会变，任何一个组织的由来实际上都是延续，任何一个组织都是有传承和期望的，这种传承和期望本身就是组织不变的基石。

实际上任何一个组织的传承和期望本质上都是源于趋利避害的本性，为什么这么说呢？因为群体的传承都是因为一种期望，而这种期望最终会变成行为习惯，比如说人类的祭祀，几千年来祭祀的礼制都不曾改变，而这种礼制延续的本质是一种祈求好运的愿望。

其本质是通过一种行为来复制好运，有一个成语最能说明这一点——守株待兔。人为什么会守株待兔？因为有人曾经在这棵树下捡到过兔子。所有长时间不变的传承本质上也是一棵曾经被人捡到过兔子的树。

一个人在遇到好运之后，在以后的生活中经常重复遇到好运之前的行为，想要重复自己的好运，这种好运逐渐地成为一种迷信，最终世世代代流传，就成了传承。

典型的例子，比如英国的议会上有一个奇怪的“规矩”，从议会成立之初至今，每当在威斯敏斯特宫（议会大厦）举行会议的时候，某一根柱子旁边就会站着一位侍者，这一奇怪的规矩持续了七百多年——但是为什么呢？这位站在柱子旁边的侍者不承担任何会议上的服务工作，也不参与会议的任何议程，简而言之，没有任何作用，为什么要让一位侍者站在这里呢？

原来在数百年前，第一次在威斯敏斯特宫举行会议的时候，那根柱子上的油漆未干，怕议员们一不小心蹭上一身油漆，于是就安排了一位侍者站在那里，这一站，就是七百多年。

这就是传统的形成，无独有偶，至今为止，美国的宇航员在开始航天任务之前，都会去加加林的办公室签个字，然后乘坐吉普车赶往火箭发射中心，路上一定要停下对着车的后轮胎撒泡尿，这些千挑万选的精英宇航员做出这种无稽行为的原因只有一个——因为加加林当初登月之前就曾经做过这些事情，最后他成功地从月球回来了，这些宇航员希望通过复制加加林登月之前的行为来保佑自己平安归来。

全世界每一个民族，每一个组织，甚至每一个国度都会有这样的“传统”，人类所有流传下来的行为习惯，其本质都是想要复制曾经出现过的好运。

人们做成一件事情不是因为个人能力多么突出，是因为“相信”的力量，而这种相信的力量的本质，就是找到一种可复制的成功模式，每个团体甚至是种族之间就会慢慢地形成一种规则，比如中国人自称是龙的传人，每年还是会有声势浩大的祭拜黄帝的活动，即使是无神论者，也会定期去祭拜先人，但祭拜先人的主要目的是什么呢？更多的并不是追思先人，而是祈求好运，拜神也是一样。从古至今，一直都没有改变。

人类的很多行为本质上都是在模仿那些成功者，比如一群人去不同的地方打猎，结果大部分人打的都是鸟，只有去北方的人打回来的是猪，你说第二天去北方狩猎的人会有多少？

而人们模仿成功者的根本目的除了内心渴望成功以外，还有就是祈求好运，这种趋利避害的本性千百年来从未改变，由此所表现出来的群体行为，就是英国议会的柱子侍者，美国航天局的奇怪传统。

因为有这种群体行为，所以就会有组织的传承和期望，外在的表现就是一个组织，乃至国家或者种族的仪式和规矩，最终造成了一个组织的不变。

前文中我们谈到了个体和组织的本质、存在、意义，组织和个体之间相互促进和发展，以及组织的传承和期望。

个体和组织之间最大的区别是“个体觉得自己属于这个组织”，个体和组织之间存在这种依赖的关系，但是个体不认为自己和社会之间存在依赖关系。

这类似于一片树叶会觉得自己属于一棵树，但不会觉得自己属于某一片森林，个体会觉得自己隶属于某个组织，却不会觉得自己隶属于社会。人和组织之间是一种强依赖的关系，与社会之间是一种弱依赖的关系。

那么个体和社会之间存在怎样的关系呢？

个体不觉得自己属于社会，但是社会包括了个体。社会对个体的影响更像是一种趋势，社会对个体的影响更多的是一种潮流。

所以个体与社会的相处应该是关注社会的潮流，不能逆社会潮流而动。

个体是不变的，组织也是不变的，那么社会是变的吗？

实际上，社会也是不变的，因为社会最大的本质是趋势，社会沿着自己的趋势一直前进，形式上可能会变化，但是本质上发展的趋势一直是没有变的。

这样，从个体、组织和社会的角度我们就把问题解决了，解决了这些问题之后，一个人就不会气急败坏了，甚至很少和别人起冲突，因为你意识到，他是不会变的，我也是不会变的，而这不影响我做正确的事情，这也是本章的主题，因为当你意识到自己在做正确的事情的时候，就会从容。

这么说可能比较抽象，举一个例子，昨天晚上看到朋友圈里好友发了一条消息：

出差后很疲惫，回家发现电梯坏了，只能爬楼。

可是，我住 22 楼啊！

没办法，认命地一层层爬，爬到 20 层的时候已经累到开始怀疑人生了。

忽然电梯开了！

虽然只剩两层了，但思虑再三还是决定坐电梯，因为实在是累惨了。

结果电梯直接下到一楼。

开门后一个电梯工跟我说，电梯坏了要维修，现在停用。

还附了一张电梯工背对着他修电梯的图片，图下面是一句让人感觉怨念渗出屏幕的玩笑话：

“请问：把人推下电梯井会判多久？”

这种情况就属于无法选择的情况，出差回家结果遇上电梯维修，面对这种情况应该淡然处之，而不是让自己充满负能量，虽然最后一句话显然是在开玩笑，但是有这种想法实际上说明这位朋友已经气急败坏了。

实际上当这位朋友不得不去爬楼梯的时候，他的内心是不想爬楼梯的，正是因为他每一层都不想爬，所以当20层电梯打开的时候，他没有选择爬完最后两层，而是走进了电梯。

随后的结果表面上看起来是一种“运气”，但实际上这是他自己的选择，是电梯的诱惑太大了？还是自己不够谨慎小心呢？

而一个人的从容就是，每个人的一生中，这样的经历也就只有一次。当改变变成一种奢望的时候，只能够坦然面对。

悔恨和怒斥毫无意义，气急败坏只能让一切变得更糟，当窗外忽然下起暴雨的时候，急匆匆地冲向阳台收衣服于事无补，反而可能会因为急躁而摔跤或者碰坏什么东西，因为衣服被雨淋十秒和五分钟的结果都是相同的，你都要把它们重新洗一遍。从容地撑开伞，到阳台上一件一件收起被雨淋湿的衣服，轻轻哼着愉快的歌声，你就把一件令人焦头烂额的事情做好了。看不透的人就是长久地悔恨和埋怨，看透的人就重洗一次衣服，重新获得一次收获。

你看，这一切都是不可变的，但是你知道自己该如何应对了，你知道自己正在做正确的事情，那么自然就可以从容面对。

当一切不可选择的时候，我们至少可以选择从容面对。

不要做无用功

实际上，“人身上有部分特质是不可变的”这句话的深层含义并非人真的不能改变，而是提醒大家，不要试图改变任何人——包括你自己。

重要的是认清自己身上不可变的部分，而不是盲目寻求改变。我们常说“读书改变命运”，但是读书并不能改变人，就好像前言中举的那些例子，奇葩的人受的教育再多，他也是个奇葩，因为奇葩是他的本性，与所受的教育没有太大的关系。

三国时期有一位刘邵先生在他的著作中写道：“夫学，所以成材也；恕，所以推情也。偏材之性，不可移转矣。虽教之以学，材成而随之以失。”（《人物志·第二章·第五节》）

意思是说，学习或者受到教育，可以使人成才，懂得“宽恕”（此处的“恕”是引申孔子《论语》中“己所不欲，勿施于人”的意思），可以了解事物的本性。

但是有一类人，叫作“偏材”，这种人的本性却是不可以通过读书来改变的。因为你虽然可以让他受到高等教育，学习各种知识，但是对于这种人来说，学得越多只会增加他的偏见。

一般来说，读书使人开智，使人眼界开阔，但是这种人属于“越读越傻”的类型，简单来说，就是在读书的时候，他总会从自己的角度片面地去理解其中的内容，然后通过读书“印证”自己的想法，然后坚定地认为自己的想法是对的，读的书越多，反而越难以改变。

就如同刘邵举的例子:“虽训之以恕，推情各从其心，信者逆信，诈者逆诈。故学不入道，恕不周物，此偏材之益失也。”虽然可以教育他“己所不欲，勿施于人”的道理，但他仍改不了从自己的角度衡量别人的习惯。因为自己讲信用，就认定人人都讲信用，因为自己不讲信用，就认定人人都是骗子。所以怎么学习、怎么培养都不能懂得大道理，也不能了解事物的本性，这就是“偏材”类人才固有的缺陷。

遗憾的是，据我所见，身边的大多数人都是“偏材”，所以现在人读书越来越多，道理却越来越不明白，所以就算受过高等教育，奇葩还是奇葩。

实际上这不是“偏材”的问题，而是人的本性。

读书可以让人学到更优秀的思维方式，但你最终仍要以自己的思维方式来思考问题，所以造就奇葩的人不是教育的缺失，而是本性的问题。

因为人的本性是不可改变的，如果一定要改变一个人的本性，可能非但无益反而有害，既不能“教之以学”，也不能“训之以恕”。也就是我们反复强调的“人身上有部分特质是不可变的”。

作为一个人，尤其是一个领导者，千万不要有改变人的本性的幻想，对人的长处和短处都要有清醒的认识，用人之长处，忽略其短处，“用人之仁去其贪，用人之智去其诈”，这样才能合理使用人才。

是不要而非不能

人并非绝对不可变，尤其是随着科技的发展，人类对于自身的研究越来越深入，影响人的手段也越来越多，从属性上改变一个人并非完全不可能。

比如随着科技的发展，我们可以完全清除一个人的记忆，甚至通过修改记忆重塑人格；或者通过催眠配合药物强力影响一个人的思维，从而改变他的性格；甚至是经历大喜大悲都有可能彻底改变一个人。

这些方法要么消耗巨大，要么有悖道德，要么具有不可复制性，总之得不偿失，而且无法推广，我们不是研究彻底改变一个人的可行性，而是要在有限的时间内干正确的事，所以改变一个人的属性这么麻烦，我们为什么要和属性较劲呢？

我们要认识到，不要试图去改变人，注意，是不要而非不能，的确我们有改变一个人的手段，但是有时候选择比改变更重要，也更简单。

铁树的确能够开花，如果我们提供复杂的条件，铁树也能开出花来，但如果你仅仅想要看花的话，完全没必要养铁树，种一株月季不好吗？省心省力，花还更漂亮。

这就是选择与改变的关系，也是我们认知人的意义，不要和属性较劲，而是把有限的时间和精力放在更正确的事情上。

那么下面又产生一个问题，对别人我们能够选择合适的人，对自己也能够选择吗？去哪找一个更加合适的自己？那么对于自己是不是就需要改变？

首先需要明确的是，人身上有部分特质是不可变的——包括你自己。

每个人都会产生自己已经改变的感觉，有时候身边的人也会众口一词地说你变了，这实际上是一种错觉，改变自己远比改变别人更难，之所以感觉自己变了，是因为你身上的一些属性变了，比如身材，比如形象，比如气质，甚至是一些个人习惯。

但是你要明白，这些都是成长，而非变化。

因为在你心中那些不为人知的属性没有改变，那些属性可能你自己都没有意识到它的存在，但是你可以感觉到。

比如，很多人小时候都会恐惧某一种动物，比如老虎、狮子、猫、狗、蛇，甚至鲨鱼，长大后你可能不再恐惧这些动物了——你觉得自己变了。

这实际上只是随着你的成长，阅历的增加，了解了这些动物，使你明白了这些动物的局限性，它们无法伤害你，所以你不再恐惧它们。

但是你改变了吗？

那些你从小就恐惧的动物，现在变得喜欢了吗？

不，你仍旧讨厌它们，这种讨厌源自你小时候对它们的恐惧，源自你身上不变的属性。

你必须意识到自己也是不可变行列中的一员。

所以不要考虑改变自己的属性，但你可以改变自己与别人的相处方式，想到这一点并不容易，如果你想与身边人融洽相处，首先你需要找一面镜子——因为你必须先了解你自己，然后通过自己了解身边的人。

但是如何了解自己呢？

无论是深入地了解自己，还是了解别人，都需要做的一件事情——将人分类。

第三章 每个人的优势与劣势

“人”只有一个字，但是可以分成很多种，就像是树也只有一个字，但是树可以分为榆树、柳树、杨树、松树、柏树等几百种。

人也是有分类的，不同类型的人拥有不同的优势和劣势，对人的了解与分类将是本章的重点，也是对人性研究的重点。

通过前文中的阐述，我们能够通过表象了解到人性，通过人性的认知，就能够对人进行分类，最后找到每个人的优势和劣势。

第一节 如何找到个体的优势与劣势

人的多样性构成了我们每天多姿多彩的生活，却也让社交变成了一个复杂的问题。正所谓“千人千面”，看上去我们身边每个人的性格都不一样，喜好不一样，和每个人相处的方式都不一样，这就让维系人际关系成了一件很累人的事情。

你觉得社交很难，只能说明你没有学会和别人相处，而和别人相处所需要做的第一件事就是把人分类，因为很多时候我们没有足够的时间一一认清身边的人，你只需要知道他属于哪一类人就可以了，但是研究人的分类有一个前提，你需要先学会分辨人。所谓分辨，就是透过现象看本质，实际上人的性格没有你想象得那么复杂。

分辨之后，你会发现其实人没有你想象得那么复杂。生活中有的人乐观，有的人悲观，有的人理性，有的人感性（别把悲观当成是一个不好的性格，悲观的人更加谨慎，有一句话说得好“乐观的人发明了飞机，而悲观的人发明了降落伞”，乐观与悲观都是构成这世界的鲜明色彩），其实这就是性格中的倾向性。这些倾向性使人的特质表现出一致性，同一类人有着相似的优势和劣势，所以判断每个人的优势与劣势，首先要做的就是对人的分类。

其实这种根据优势劣势对人的分类最早起源于《西游记》，近段时间，网上关于西游团队的分析讨论越来越多，从团队中各个角色的定位到如果去掉一个人应该选谁。

其实，西游团队中的四个人（白龙马不算）恰好代表了四种主流的性情，我们可以从“内向还是外向”和“关注人还是关注事”两个维度来进行分析。

图3-1-1 西游团队的特质划分

图 3-1-1 是西游团队中的四种性格特点的划分图示，根据内向外向，关注人际或工作两个维度划分为四个象限。

第二象限性格的人是外向且关注工作的，在西游团队中，拥有这种特质的是孙悟空，这种人是天生的领导者，这种领导者不是唐僧那种组织者，而是带领团队完成某件事情的领导者，能通过克服阻力，达到目标来改变环境。喜欢挑战权威和权力，在处事风格方面往往崇尚高效行动。

在与人交流方面，孙悟空类型的人说话快，声音大，语气单调，而且往往就事论事，多运用事实和资料。他们动作快速有力，习惯于目光接触，面部表情比较少。

另一方面，孙悟空类型人格也有很多局限与缺点，比如害怕失去控制力，害怕被利用，比较容易急躁，这也是西游路上出现过的问题，比如真假美猴王等。而且他们对人际关系毫不在意，缺乏对他人的关心。

和这种类型人格的人相处要牢记三点：

1. 开门见山，有事说事；

2. 如果犯了错误，多讲讲以后怎么办，而非一个劲道歉；

3. 他们喜欢一个方案一个方案拍板，问完 A 方案不行换 B 方案上。

第一象限性格的人是外向且关注人际的，在西游团队中，拥有这种特质的是二师兄猪八戒，这种人是天生的沟通者。他们喜欢与人打交道，通过影响或说服他人的方式让人参与行动。猪八戒类型人格的人会积极推动团队活动，创造和谐的环境，善于表达，影响和激励他人，所以我们看到猪八戒虽然又馋又懒，但确却是团队中的开心果，在团队中起到至关重要的作用。

猪八戒类型人格的人交流时以人为主，多运用故事。他们声音大，语调抑扬顿挫，动作迅速随性，喜欢直接目光接触，有丰富的面部表情。

这种人格的人同样害怕被否定，害怕失去影响力，希望对方主动和自己交流。由于性格的原因，他们往往过于热情，不善于倾听，易冲动，多愁善感。

和猪八戒类型人格的人相处要记得：

1. 表现出对他的热情，自己有趣一点儿，多点儿面部表情；

2. 多讲些高兴的事儿，少讲不高兴的事儿。

第四象限的人是内向且关注人际的，他们是天生的协调者。在西游团队中，拥有这种特质的是沙和尚，这种人比较关注稳定性，通过协助他人来完成任务。这种行事风格的人崇尚互相理解，信守承诺。他们沉稳可信赖、友好，愿意倾听和与人合作，做事追求完美，理想化。所以沙和尚总是说“大师兄说得对”“师父说得对”。

沙和尚类型人格的人话比较少，在与人沟通时说话慢，语气温和，动作缓慢且幅度小，肢体语言比较少。他们会避免与对方产生目光接触，面部表情比较友善，尽力维护人际关系。

这种人害怕有太大的变化，对不可预知的未来充满恐惧。他们也经常扮演老好人的角色，过度给予，把自己的需求放在最后。

和沙和尚类型人格的人相处要记得：

1. 他们相信日久见人心，所以赢得信任会比较慢；

2. 不急于一时多注意维系感情。

第三象限的人是内向且关注工作的，在西游团队中，拥有这种特质的是唐僧，他们是天生的组织者。他们会在现有条件下确保质量和准确性，喜欢关注标准和细节，进行分析性思考，他们对待事情会有明确精准的期望。所以虽然唐僧什么也不会，但却是取经能成功的关键。

唐僧类型人格的人说话慢而坚定，语气单调，动作缓慢且保守，多运用事实和资料，表达时有较少的肢体语言。他们通常避免与他人有直接的目光接触，面部表情比较少，对人际关系不在意。

害怕别人没有道理的批评，对粗制滥造的做法深恶痛绝。但也会对自己和他人过于挑剔，优柔寡断。

和唐僧类型人格的人相处最好：

1. 做好充分的准备，不要被问倒（因为他们关注细节逻辑分析）；

2. 遵守规则，不做违规的事情；

3. 同时给多个方案，做到这一批毙了之后还能拿出一批方案。

四种人的性格非常鲜明，而且你会发现在生活中，这四种特性几乎囊括了你所能遇到的所有人，如果我们通过这种方法把人进行分类，而每一类人都有自己的优势和劣势，如果我们找到每种人对应的优势和劣势，就可以迅速地判断出一个人的性格特质，从而找到他们的优势和劣势，下图为四种人的优势、劣势对照。

图3-1-2 西游团队四种人的优势与劣势

人的四象分类法

我们对人的分辨，就是通过整理这些倾向性出现的规律，避开众多的影响因素，最终将人分类。

这种方法其实相当古老，在东西方文明的源头就已经出现了，从我们的祖先第一次睁开眼睛观察世界的时候，就是通过这种方法来认识纷繁复杂的大千世界。

有趣的是，以文明自诩的现代人却并不会使用这种古老的方式，甚至这种方法都没有一个公认的名字，我称这种方法为“原初归纳法”。实际上不管是东方的五行学说还是西方的四元素论都是人们最初的时候对自己，对世界认识的一种体现。

无论是五行还是四元素的划分和归纳都是用的原初归纳法进行的，比如四元素论是西方古代炼金术的理论之一，在古希腊时期炼金术士们认为世间万物都是由“气、水、火、土”四种元素构成。而对这四种元素的归纳则是通过事物所表现出的四种特质（在非人上是特质，在人身上则被称为性格中的倾向性，两者本质上是一样的），这四种特质分别是“干燥、寒冷、湿润、灼热”，需要注意的是，气、水、火、土四种元素与干燥、寒冷、湿润、灼热四种特质之间并非一一对应，而是由四种基本特质两两组合而成（实际上这种通过特质组合进行归纳划分的方式也是原初归纳法的精髓，因为世间几乎没单纯的事物，正如阴阳之辩，一件物体，把阴的部分去掉，那么阳的部分中就会有一部分成为新的阴），其中火元素的特质是干燥和灼热；水元素的特质是寒冷和湿润；土元素的特质是寒冷和干燥；气元素的特质是湿润和灼热。

这种思想也影响到了后世的佛教，佛教认为人的皮囊（色身）是“四大假合”，这四大就是指“地、水、火、风”，并认为地以坚硬为其性，水以潮湿为其性，火以温暖为其性，风以流动为其性，与古希腊炼金术中元素论的“气、水、火、土”非常近似。

读到这里，也许你对“原初归纳法”仍然没有一个清晰的理解，不用担心，接下来让我们通过“原初归纳法”对人的性格进行分类，在这一过程中，你能够详细地看到“原初归纳法”的使用过程。

原初归纳法的使用

想要使用原初归纳法，首先我们要找到人类性格中的倾向性（类似于元素中的特质），这种倾向性中最明显的就是感性和理性了，我们会发现，身边有一些人很感性，而有些人很理性，这两种人很好分辨，但剩下的人就不好分辨了，他们有的会忽然感性，过会儿又变得理性，还有的好像既不感性，也不理性，总是特别地随性，总之既不好把他们归类到感性中，又不好把他们归纳到理性中。

既然不好分，那么就先把它放下，从感性和理性的角度，暂时分出三种特质：感性、理性和暂时无法分类的其他，如图 3-1-3 所示。

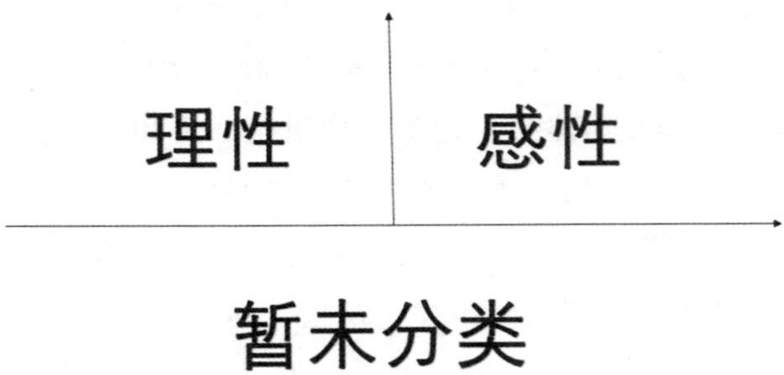

图3-1-3 原初归纳法过程示意图一

除了感性和理性之外，我们还发现，身边性格不同的人在乎的事情也不一样，有一种人就特别在乎自己的心情，他们活泼好动，乐于表现也善于表现，热情外向，拥有丰富的想象力，不生气、不记仇，欢乐是常态，伤心不过片刻。

还有一种人非常在乎逻辑，往往做事情非常有条理，讨厌一切没有条理的人和事物（这种特性经常被误认为是强迫症），总是先思考后说话，有时会用自己的标准去要求别人，对别人和自己要求都非常严格。

第三种人是彻头彻尾的现实主义者，只在乎现实，这种人一般都非常执着，并且具有强大的行动力，喜欢行动多过表达，做事情雷厉风行，非常果断，有时自负，有相当强的控制欲，有时候会有工作狂的倾向，做事情非常关注结果。

还有一种人好像什么都不在乎，总是能够保持一种闲庭信步的状态，能不说话就不说话，和什么样性格的人都能处得来，具有相当强的协调性，在团队合作中总是能够充当润滑油的角色避免冲突，很少对别人有要求。

似乎我们身边所有人的性格都可以被纳入这四个大类之中，那么以上四种性格就具有代表性了，我们依次命名为“第一性格”“第二性格”“第三性格”和“第四性格”，将这四种性格和之前对感性和理性的划分结合一下，一般情况下，第一种性格的人都是感性的，而第二种性格的人明显是理性的，剩下两种性格对应的部分还没有划分好，暂且不管，那么就得到了图 3-1-4。

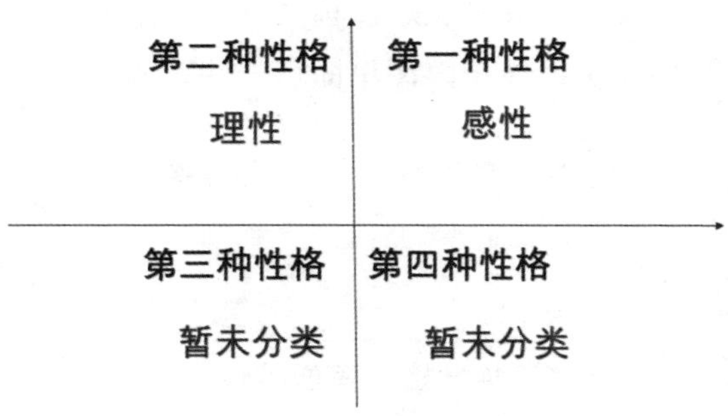

图3-1-4 原初归纳法过程示意图二

可以看到，这张图就像一个数学上的“象限”，我们称之为“象限图”，当然，现在它是不完整的，我们需要一步步地完善它。

继续寻找身边人的特质，性格决定态度，态度决定行为，所以某人的经常性行为也能够反过来影射他的性格。

通过对人的常见行为进行分析，比如工作日办公室里忽然起火了！

那么第一种性格的人总是先奔走呼喊“失火啦，失火啦！”第二种性格的人则会第一时间开始思考，寻找原因，为什么会失火呢？漏电起火还是化学反应造成起火？还是烟头没灭形成火源；第三种性格的人则会马上行动起来，寻找火源，开始灭火；第四种人则会保持观望。

我们发现第一种性格的人总是习惯遇事先出声，我们暂且称之为言语派；第二种性格的人经常保持在一种思考的状态，他们总是习惯遇到事情先思考，我们称之为“思考派”；第三种性格的人行动起来总是最快的，我们称之为“行动派”；最后一种人总是保持观察状态，称之为“观察派”。

那么我们又可以往象限图里面填一些东西了。

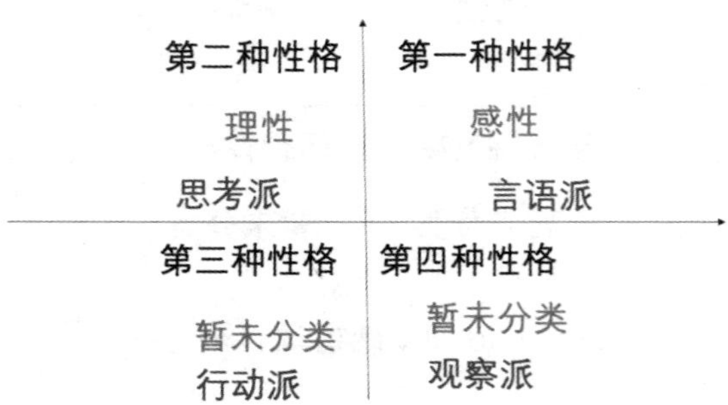

图3-1-5 原初归纳法过程示意图三

从外在的表现中我们已经找到了很多的特质，那么接下来我们试着从更本质的角度来寻找这四种人的性格特质，道家学说认为万物分阴阳，所有的事物都会处于有和无两种状态（实际上无并不代表着一种不好的状态，正如《道德经》中所说“有之以为利，无之以为用”，无的状态本身也是一种优势）。

所以我们不妨从阴阳和有无的角度来划分一下人的性格，首先进行阴阳划分，阳为乾，代表刚健、外向、热情等，那么第一种和第三种性格可以划分为阳；反之，阴代表安静、内向、伏藏、顺应规律等，那么第二种和第四种性格可以划分为阴。

其实万物的有无状态可以理解为“虚”和“实”两种状态，人的性格特质中，有务虚与务实之分，那么明显的第一种性格和第四种性格是务虚的，而第二种性格和第三种性格是务实的，类似用寒冷、灼热、干燥、湿润四种特质划分气、水、火、土四种元素的方式，我们可以将四种性格分别标记为阳无、阴有、阳有和阴无，如图 3-1-6 所示：

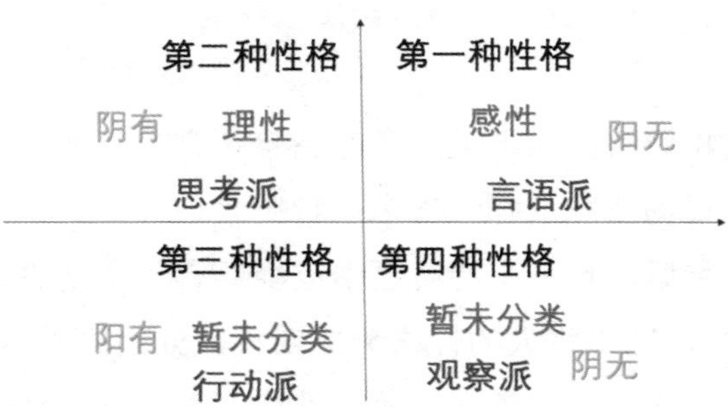

图3-1-6 原初归纳法过程示意图四

当有了性格中更本质一些的特质之后，我们就可以反向推导表象中难以被划分的部分了，我们说第一种性格属于感性，第二种性格属于理性，那么剩下的理性和感性难以被分开的性格特质，就属于第三种和第四种性格，而第三种性格特质的人属于行动派，属于“阳有”，既有理性的务实，又有感性的表达，所以可以划分为同时兼具感性与理性的人，而第四种性格属于观察派，既不外向，也不务实，那么理所当然地与第三种性格相对应，属于既不感性也不理性的性格特质。那么我们就得到了几乎完整的象限图，如图 3-1-7 所示。

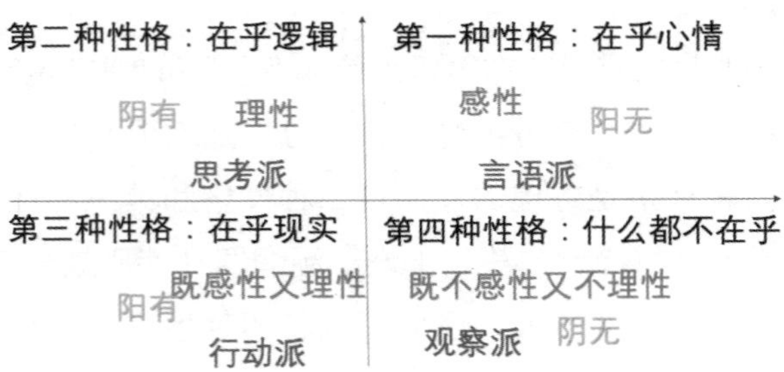

图3-1-7 原初归纳法过程示意图五

至此我们的性格象限图已经完整（原初归纳法在实际使用中可以根据情况选择收集多少特质来进行归纳，但是不得少于三个特质，且三个特质之中至少要有一个是脱离表面层次的特质），图中将人的性格分成四种，分别属于四个象限，第一种性格我们称之为第一象限性格，第二种性格我们称之为第二象限性格，第三种性格我们称之为第三象限性格，第四种性格我们称之为第四象限性格。

这四种性格的特性分类如表 3-1-1 所示：

表3-1-1 性格四象限分类表

性格四象分类表				
阴阳有无	阳无	阴有	阳有	阴无
感性 & 理性	感性	理性	同时具备感性和理性的特征	既不感性也不理性
在乎的	心情	逻辑	现实	什么都不在乎
常见行为	言语派	思考派	行动派	观察派
代表元素	火	水	土	气
四象人格	第一象限性格	第二象限性格	第三象限性格	第四象限性格

也许有的人不理解，有这张表格的话，前面五张象限图有什么意义。前面五张象限图是在详细地演示原初归纳法的使用过程，也是让大家详细地理解四种象限的人格都是如何划分出来的，而不仅仅是给大家一个冰冷的结果，让大家去根据结果硬生生地往身边的人身上套，在人的分类中很核心的一点就是每个人都是独立的，虽然我们可以把他们分类，但你必须知道人不是数据，我们必须学会尊重每个人的独立性，从而灵活地运用性格的分类来了解自己，了解别人。

给大家展示人性分类的过程，就是希望大家能够知其然也知其所以然，这样在面对表格之外的情况时也不会迷茫。

比如，四种性格与四元素的对应关系，就是前面的归纳过程中没有提及的，但是有了前面的归纳过程，我们就很容易理解四种性格为什么会对应这几种元素，其对应关系是由哪些特质决定的（例如第一象限人格的对应元素是火，对应的就是热情、外向等；第四象限性格对应气元素，对应的特质是自由和无拘束等）。

实际上把人的性格分为四种并非我的独创，古今中外也有不少人对人的性格分类这个话题产生过兴趣，有趣的是，几乎所有的性格分类法最终都会把人的性格分成四种。

四象分类法与其他几种人格分类法的异同

在进行性格分类研究之前，我也曾了解过当前是否有这方面的研究成果，毕竟重复的研究是没有意义的，结果出乎意料。

原来在古希腊时期就已经有类似的研究成果了，甚至这一成果至今还被许多人认同，不过近些年世界范围内也有许多人对人的性格分类提出了自己的看法。

在深入地研究过这些研究之后，我发现这些不同时期不同人提出的研究成果似乎存在着非常大的共性，这也是我用“原初归纳法”对人的性格进行分类的原因，只有自己进行研究之后，才更能读懂别人的研究成果。

在人的性格分类这个领域最早取得研究成果的应该是古希腊医学家和哲学家希波克拉底，他将人的气质分为四种，分别是多血质、黏液质、胆汁质和抑郁质。他认为人体内有四种体液（即血液、黏液、黄胆汁、黑胆汁），每种体液所占比例的不同决定了人的气质差异。

这种划分方式虽然古老，但是当代心理学界对此倒是颇为认同，甚至从心理学的角度对这四种气质的成因都有解释。

胆汁质的成因是神经活动强而不均衡，其特质是容易兴奋，性格直率，脾气暴躁，精力旺盛，工作热情高，但是当精力耗尽时，情绪不高。

多血质是神经活动强而均衡的灵活型，其特质是热情外向，能力强，机智灵活，但是难以保持专注，做事情以兴趣为导向，适应性强，喜欢交际，富于幻想，缺乏耐心。

黏液质是神经活动强而均衡的安静型，其特质是平静耐心，生活有规律，克制忍让，能够专注做事不分心，有耐久力，老成持重，严肃认真，但是缺乏灵活性，有时候会循规蹈矩。

抑郁质的成因是神经活动较弱（指神经兴奋和抑制的过程都弱），其特质为容易相处，做事坚定，沉静内敛，但是比较敏感，容易受到挫折，优柔寡断，反应慢，不思进取。

至于近代，国外有两本叫作《性格解析》的书专门研究人的性格分类，没错，就是两本，名字一模一样，都叫作《性格解析》，内容也都是将人的性格进行分类（还都是分成四种），作者分别来自南非和美国，实在是非常巧合。

美国的作者弗洛伦斯·妮蒂雅是世界著名的作家和演讲家（也有说是教育家的），她曾在世界各地演讲，宣传她根据希波克拉底的性格分类学说研究出的性格系统。

在她的书中，她将人的性格分成活泼型（S型）、完美型（M型）、力量型（C型）、和平型（P型）四种。

其中活泼型的性格善于活跃气氛，他们热情外向，乐于与人交往，幽默乐观，在乎快乐也善于制造快乐；完美型的性格善于统筹，他们安静随和，善于思考，喜欢规律，做事严肃认真；力量型的性格善于行动，勇于征服，他们永远是最先行动的那一批人，待人坦诚，拥有领导者素质，但是脾气暴躁，有控制欲；和平型的性格能够让人放松，他们是其他几种性格之间的润滑油，非常善于缓解冲突。

而来自南非的作者名为赫伯恩，在他的书中将人分为四种：可爱乐观型、权威急躁型、完美忧郁型、平和冷静型。同时在国内乐嘉的四种性格色彩也有不小的市场。

读到这里是不是觉得特别眼熟？没错，不管是古罗马还是美国，甚至是南非，来自古今中外的研究结果都把人的性格分成四种，并且这四种特性之间除了名字不同，内涵几乎都是一致的。

虽然分类的依据不同，每种性格的称呼不同，但实际上每一种研究中对于人格分类都差不多可以一一对应，如表3-1-2 所示：

表3-1-2 各种人格分类结果对应表

各种人格分类结果对应表				
四象性格	第一象限性格	第二象限性格	第三象限性格	第四象限性格
希波克拉底（古希腊）	多血质	黏液质	胆汁质	抑郁质
弗洛伦斯·妮蒂雅（美）	活泼型	完美型	力量型	和平型
赫伯恩（南非）	可爱乐观型	完美忧郁型	权威急躁型	平和冷静型
乐嘉性格色彩（中国）	红色	蓝色	黄色	绿色

现在看来，没有比这种分类结果更加权威的了，毕竟这种认识跨越了地域，超脱了时间，这一刻我们与古希腊的先哲达成了一致，与美国的教育家意见相同，也取得了南非朋友的认同，在国内更是有许多这种分类方法的支持者。

性格决定态度，态度决定行为，行为决定习惯，习惯决定命运。实际上学会把人分类就是了解人的性格，就能够与任何人相处。

人类是一种群体性动物，每个人都要学会和别人相处，更进一步说，你的优秀取决于你和多少人相处，关系更近。

通过对人性的认知，我们能够将人进行分类，进而能够选择“分而治之”，也就是根据性格类别，选择最合适的相处方式。

而相处的第一步，被称为接触。

第二节 论个体之间的相互接触

之所以要将人分类，除了为了更好地了解别人之外，其本质是为了研究个体之间的接触。

一般来说，个体之间的相互接触通常会有四种结果：同性相吸，同性相斥，两性互补，两性对抗。

同性相吸，实际上就是互补，两个个体之间的相处和合作发挥出了一加一大于二的效果，这种互补会让两个个体之间感觉到相处愉快，大有知音之感，更有甚者，随着互补程度加深和相处的时间加长，甚至有可能会形成依赖性。

同性相斥，这种情况并不少见，有些人就天生讨厌和自己相似的人，觉得他们影响了自己的独特性，除此之外，很多平时并没有这种心态的人，在接触与自己本性相似的人的时候也会表现出明显的排斥，这种排斥不一定会演变成对抗，但是会造成两者本能地避免接触，避免了解。

这种情况就好像你天生就讨厌某个明星，那么你不会特地去他的演唱会上搞破坏，但是你会下意识地忽略他的一切信息，他的新专辑、新电影你不会关注，他的绯闻你也不会想去了解，当你天生讨厌某一个人，你会下意识地避免和他一切形式上的接触。

实际上这种同性相斥也和一些个体的属性有关，有些属性注定难以共存，比如小人总喜欢找君子做朋友，而与“臭味相投”的小人只有合作，总会保持距离，小心防备。当然这种难以共存的属性也不都是坏的，比如相貌美丽的女孩子最要好的闺蜜往往相貌平庸，这种美丽本身也是一种难以共存的属性。

这种情况并非绝对，一般来说两个个体之间只有真正的接触之后，才能判断出他们处于什么状态，在没接触之前所做的判断很有可能与实际结果大相径庭。

这两种接触的结果不仅仅见于属性相近或者相同的人，实际上我们身边属性不同的人更多，我们每天都要接触到相当数量的属性与自己不同的人，这种接触同样会导致两种结果——互补或者对抗（那些你接触之后毫无感觉，不想进一步了解的人也属于对抗的一种）。

两性互补，与同性互补相比，异性互补比较多见，这种不同属性之间的互补同样能够让两个互相接触的个体发挥出一加一大于二的效果，但是两者之间的接触往往谈不上和谐，不同属性之间的碰撞虽然会形成互补，但是也可能会造成摩擦（这种摩擦的产生并非绝对的），这种相处往往不会让人觉得很舒服，却可以更好地发挥两个个体的力量。

这种情况可以简单地总结为“同趣者打闹，互补者偕老”，我们身边类似的例子应该不少，你会发现那些志趣相同的人玩闹的时候总是在一起（喜欢玩游戏的总会在休息时间拉帮结伙地打游戏，喜欢逛街的总是相约一起去逛街，喜欢摄影的总是聚在一起交流经验，等等），但是当他们开始工作时，合作起来效率最高的同事往往是那些和他们属性不同甚至是对立的，这种合作说不上愉快，但很有效率。格局大一点，在选择终身事业的合作伙伴时，往往也都会选择这种相处不愉快，但合作很高效的个体一起成就事业。

这种情况不仅仅出现在工作或者事业上，生活中更加常见，你会发现，那些婚姻长长久久，琴瑟和谐的家庭中婚姻的双方性格属性往往各不相同，而这种不同往往会形成互补（民间很流行的一句话叫作“男主外，女主内，家庭才会美满”，实际上这种家庭的分工就是属性互补的一种体现），最适合你的终身伴侣不一定是和你兴趣一致，属性一致的，却一定是和你互补的。

两性对抗，两种不同属性的个体接触之后，与出现互补的概率相比，出现对抗的概率会更大一些，这主要是因为一些被认为是不对抗、不互补的情况（实际上是避免接触）也属于对抗。

不同属性个体接触相互对抗的情况视对抗的程度不同大体分为两种，一种是冷漠排斥，主要表现就是避免任何形式的合作和接触（包括信息上的，你会尽量对他视而不见，或者刻意保持距离）。

另一种则是更加赤裸裸的对抗，这种对抗分为直接对抗和间接对抗，直接对抗属于最严重的情况，此时很简单的一个诱因都有可能引发言语冲突甚至肢体冲突，其过程类似于网上非常流行的“你瞅啥”“瞅你咋的”然后发生冲突。这种冲突发生后，一方甚至双方都会主动引发对抗，（因为会觉得丢了面子或者损失了利益，甚至单纯只是为了置气）如果这种对抗被带到工作上，那简直就是灾难，两个人加起来甚至还不如其中任何一个人自己来做这份工作有效率。（因为他们会把大部分精力用在对抗上）

而间接对抗也并不美好，这种间接对抗会让两人之间的关系变得虚伪，类似于笑里藏刀，两个人都会把大量的精力放在相互算计和防备对方的算计上，虽然表面上和和气气，合作的时候也仿佛精诚合作，所言所行都是为了大的利益或者为对方着想的样子，但是实际上互相接触的两个个体之间充满了不信任，他们会怀疑对方的一切行为都是对自己的攻击和伤害，也会抓住机会暗地里打击对方，在这种情况下，接触双方都会缺乏安全感，根据马斯洛的需求层次理论，安全需要是高于归属需要和自我实现需要的，此时自我保护或者自身利益的维护显然会被放在首位，那么两个人一起合作的结果也就不言而喻了。

（一）需要层次

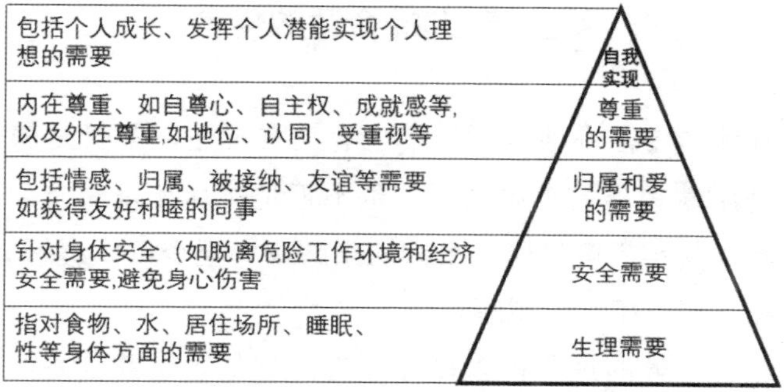

图3-2-1马斯洛的需求层次理论示意图

以上提到的个体之间接触的四种结果之间的关系可以用表 3-2-1 来简单表示：

表3-2-1 个体之间接触结果关系图

个体之间的接触结果	同性（个体之间性质相近或者相同）	异性（个体之间性质差异较大）	处理方式
互补（互相促进）	同性相吸	两性互补	可以根据特征来寻找和选择最适合的合作伙伴
对抗（互相排斥）	同性相斥	两性对抗	可以通过互相的了解来缓解或者消除这种对抗

对抗和冲突不是我们的目的，在工作和生活中，我们应该尽量避免对抗和排斥，而寻找互补，这也是与人相处的方式。

第三节 选择合适的舞台

具体的方法在表 3-2-1 中也有简要描述，不管是属性相近还是属性相异的个体之间，也不管是排斥还是对抗，所有的不互补其实都可以用一个方法来解决（至少可以缓解），那就是建立双方相互的了解。

这种了解的过程可以循序渐进，从最表层的信息，比如当前的目的、状态等到逐渐深层次的信息，比如性格、好恶等，接触的双方随着了解的深入（甚至不需要深入，只要处于愿意了解对方的这个状态的时间稍微长一点）就会逐渐缓解排斥或者对抗的状态。

因为实际上排斥或对抗的双方往往没有什么真正的矛盾，很多时候仅仅是因为双方互相之间不够了解。

正如美国的一个心理学实验，有一批大学生，在野外进行夏令营，他们都来自同一所大学，彼此之间称不上熟悉，但也不像陌生人一样毫无了解，如果想让他们对立为两个团体，该怎么做呢？

很简单，让这批大学生分开宿营，你会发现，同一个宿营地内的学生很快会抱成一团，并且自发地敌视另一个营地的学生，很快两个营地的学生就会因为某块没有妥善回收的垃圾或者抢占上游水源而发生冲突，并迅速成为两个对立的阵营。

当对立已成既定事实之后，如果我们想要消除这种对立应该怎么办呢？也不难，只要让这批大学生把宿营地放在一起，让他们有机会互相接触和了解，很快他们的关系就会从对立转为和缓，进而互相成为朋友。

我们必须认识到，大多数的冲突与对抗仅仅是由于不了解，互相了解是缓和对立关系的最佳方式。

除此之外，总有些对立即使互相了解也不能消除，这种对立存在于人们的心中，就好像爱屋及乌一样，讨厌某人就怎么都看他不顺眼。

想要消除这种对立就需要用另外一种方式——学习，因为无知的人往往狭隘，而博学之人因为眼界宽广，所以大都心胸宽广，并且书读得越多，越认识到自己的不足，人就不会倔强，这种存于心中的对立关系自然就逐渐消弭了。

找到这几种对立关系的特点和解决之道，与人相处就不再是难题，虽然不一定和每个人都能互补，但是至少不会和大多数人产生对抗或者排斥（生活中总会遇上一些“个性鲜明”的人把自己弄到“举目皆敌”的狼狈状态）。

具体来说，既要能够认清人，进而能够理解人，最终又要能够包容人（而不是试图改变人），这样就能够与所有的人相处。

人要认清自己身上不可变的部分，所以我们要尝试了解人，为了更好地了解人，我们需要把人进行分类，分类的本质，是为了把握个体之间的接触，通过对个体间接触的研究，最终我们可以和所有人相处。

但是这远远不够，我们研究人性，学会与人相处的真正意义不是想要做一个老好人，最终我们还是要选择那些能够与我们互补的人。

但这种选择更倾向于寻找，因为我们每天接触的人太多了，这就像一道选项太多的选择题，其最大的难点就是从众多错误答案中找到正确的。

我们可以学会和所有的人相处，但我们最终还是要找到能够与我们互补的人，而这种寻找当然不能像没头苍蝇一样乱撞，也不能靠运气随缘，最好的方法是特征检索。

什么叫特征检索呢？

因为我们要寻找的是与我们自己互补的个体，所以我们自己就是最好的判断依据，这就回到了第二章第一节中重点讲述的“认识自己”这一点上，因为只有对自身有足够的认识，才能找出自己的性格特征来，然后通过研究身边已知的能够和你进行互补的个体身上的特征，找出与你互补个体的性格特征，再以此特征作为依据，寻找具备这种特征的个体，那么你们两个之间互补的概率就会很大了。

这么说可能有点抽象，我们不妨来举个简单的例子：

假设你认识到自己的性格属于外向乐观、充满激情但缺乏逻辑，而平日里与你互补的同事的性格中恰好就偏理智，富有逻辑性。那么富有逻辑就是你寻找互补个体的特征。

简而言之，审视自身性格中的缺陷，同时找到互补者性格中与你互补的地方，两相印证就是你寻找互补者所需要的特征。

当然，仅仅选择是不够的，因为生活不是逛超市，不是所有选项都放在柜台上任你挑选，在你选择别人的同时，别人也在选择你，所以在选择的同时，你也要学会表达，告诉那些和你互补的人，“我们合作一定很愉快！”

互补的极致

前面提到，在个体之间接触的四种结果中，有一种情况叫作同性相吸，是指个体之间属性相近，并且还能互补的情况。

这几乎是互补的最佳形式，属性相近会让个体之间相处愉快，很有默契，而同时还能够互补，相互促进，这几乎是每个人梦寐以求的状态。这种状态会让人不自觉地沉迷其中（实际上大多数时候这也不是什么坏事），甚至会在互补者之间形成依赖关系。

史载唐太宗曾有一妃嫔名为“徐惠”，徐惠出身长城徐氏，自幼聪慧，与太宗感情笃好，还曾上书劝谏唐太宗（清朝有《历代圣母贤妃图之徐惠上疏》一图流传于世，其《谏太宗息兵罢役疏》更被收入《资治通鉴》《贞观政要》以及新旧《唐书》等历史典籍中），贞观二十三年，太宗驾崩，徐惠当即哀思成疾，拒绝吃药，并言为报太宗深情，愿意追随太宗而去。次年即病逝，年二十四，追封贤妃，陪葬于昭陵石室。

或许正如徐惠自己的诗中写的那样：“将千龄兮此遇，荃何为兮独往。”（《拟小山篇》）一个真正能够与自己互补的人千年难遇，唐太宗的逝去对她的打击非常大，正如子期病逝，伯牙绝弦，这种相互依赖之深可见一斑。

所以互补的极致就是高度依赖，这种依赖不一定是双方面的，有时候也是单方面的。

民国时期著名的默剧影后阮玲玉自杀的消息传出后，竟然有许多影迷相继自杀随其而逝。绍兴有一位影迷夏陈氏服毒自尽；上海戏剧电影研究所有一位项福珍女士吞服鸦片自杀；杭州联华影院女招待员张美英也同样服毒自尽。据不完全统计，仅仅是1935年3月8日（阮玲玉自杀当天），上海就有五位影迷自尽，全国其他地方也有多位阮的影迷自杀。

这些影迷们留下的遗书内容大同小异："阮玲玉死了，我们活着还有什么意思？！"

这种一方高度依赖另一方，而另一方并不依赖他的情况就叫作单方面依赖，但不管是单方面依赖还是双方面的互相依赖，当事人都会把分离视为一种非常绝望的灾难。

但是高度依赖的人就不会分开了吗？

答案当然是否定的，那么，高度依赖的人分开了就会活不下去吗？

第二部分 摆脱依赖，集中精力

在前文中已经提到过选择与放弃的共生性，当你选择的时候就意味着放弃（第二章第一节），同时我们又认识到人要认清自己身上不可变的部分，那么每个人所面临的就只有选择与被选择，放弃与被放弃。

这其中就涉及主动选择与放弃，被动地成为选择或者放弃的对象之时应该如何自处。

在这一点上，首先我们要了解的是，谁离开谁都不会死。

在《南史》中记载了一个“画为良方”的典故可以作为佐证。

这个典故的主角叫作刘瑱，是南朝齐书画家和文学家，曾官至尚书吏部郎、义兴太守，以文藻、篆隶、丹青并称于当世，其诗画作品皆有流传。

刘瑱有一个妹妹嫁给了当时的鄱阳王，夫妻感情笃好，伉俪情深。

可惜好景不长，鄱阳王被齐明帝杀害，刘瑱的妹妹悲痛欲绝，思夫成疾，很快就奄奄一息。

刘瑱万分着急，四处求医寻药，但都无济于事。

后来，刘瑱灵机一动，请了当时著名的画家殷茜画了一幅鄱阳王的画像，用来安慰妹妹。

几日后画卷落成，只见上面画的是鄱阳王正与他的一个宠妾一起照镜子，互相调情，人物栩栩如生，几欲破画而出。

刘瑱的妹妹见到后醋意大发，一下子从床上站起来指着画像大骂道："你早就该千刀万剐！"从此，她对亡夫的思念和爱意统统消失，病情也很快好转了。

这一段故事原载于《南史·刘瑱传》，故事里的鄱阳王夫妇（指鄱阳王和刘瑱的妹妹）琴瑟和谐，非常互补，他们之间就属于互相依赖的关系，鄱阳王死后，刘瑱的妹妹作为王妃险些随其而去，可见这种依赖关系已经达到了几乎"生死与共"的程度了。

但即使像鄱阳王夫妇这种几乎"生死与共"的依赖关系，也并非不可分离，最终刘瑱的妹妹就彻底摆脱了这种依赖的关系，活了下去。

可知谁离开谁都不会死并不是一个谬论。

第四章 摆脱依赖，活下来

我们说谁离开谁都不会死，但不会死不代表不能死，前文中提到过，自由是人类最大的宝藏与权利，每个人都有选择死亡的权利（人类是现在已知的所有物种中唯一一个拥有自杀行为的物种）。据统计，人类每年因为自杀而死的人数已经远远超过了因为战争而死的人数。

正因为有选择死亡的权利，所以能够挣脱依赖的品格才显得珍贵，当大多数人沉溺于这种依赖关系时，绝不会去设想结束依赖关系时自己应该如何应对，这也就是为什么有人会用死亡来逃避这一切。

人的一生中可能不会经受太多的打击，但是唯有对所有情况都有准备的人才能从容面对生活中的每一件事情，不管是惊喜还是挫折。

历史告诉我们，脱离依赖之后还能活下来的人才是真正的强者。

第一节 如何正确看待依赖关系

对于依赖关系，我们首先要明确的是这种依赖关系的主体之一必须是人（主体都不是人的依赖关系没有研究价值），但主体双方却并不一定都是人，也就是说，既有人与人之间的依赖关系，也有人与物之间的依赖关系（这种依赖关系通常是单方面的，因为大多数“物”都是不需要依赖人的）。

人与物之间的依赖关系

通常来说，对于现在的人而言，这种依赖以人单方面依赖物（这里的物既指无生命的事物，也指一些非人的生物，甚至是在许多人看来虚无缥缈的信仰）的情况居多（近代之前则是人与人之间的依赖居多），因为一个物品（或者动物或者信仰）往往能够填补人心中某一部分的空虚，这种空虚最常见的就是寂寞和恐惧。

一般来说，能够让人产生依赖的“物”包括三个大类别，第一种是具有精神价值的事物，比如艺术或者茶道、剑道之类的，比如历史上那些“书痴”“武痴”“画痴”，等等，这种东西的特点就是会让人执迷乃至沉迷其中，不可自拔。当然一些成瘾类的东西也属于此类，比如酒，比如烟，比如游戏，甚至一些很普通的物品都会成为某些人的依赖（恋物癖就是这么来的）。

第二种是动物，比如各种宠物，现在流行的“吸猫”就属于这种类别，人们通过照顾小动物或者拥有各种萌物而产生自我成就感与被需要感。当然，这种情况下就可能会产生双方的依赖，比如猫狗之类的小动物就会比较依赖主人，忠犬救主的故事比比皆是，也会有人因为宠物的离去而哭得稀里哗啦，各种天价寻宠的告示也是社区新闻板上的常客。

最后一种就是信仰，人类的心灵是一个非常复杂的体系，它在某些方面非常坚固，但在另一些方面却又会非常脆弱。

人类会日复一日地坚持，甚至一代代地传承，用愚公移山的精神创造一个又一个看似不可能的奇迹。但是人类又会对未知的事物产生不必要的恐惧，这种恐惧甚至会迅速地击垮一个人的意志。

人类对于未知的恐惧中最典型的就是对死亡的恐惧，从秦始皇求仙入海的巨船到汉武帝登临碣石的仙台，历朝历代的皇帝享尽了人间浮华之后，对于死亡的畏惧与日俱增，不少雄才大略的明君为了逃避死亡，做出很多荒唐事，这些心智过人的君主难道不知道长生只是个泡影吗？只是无法克服对死亡的畏惧罢了。

人类对未知的恐惧，催生了信仰，人们相信，祈求神明可以让未来变得更好，供奉神明可以死后到达天堂，人们相信所有人类无法解释的事情都是神明所为，人们用信仰来对抗一切未知的恐惧。

人与物之间的依赖关系成因很简单，是为了填补心灵的空虚，但种类很复杂，对于人的影响也是多种多样，有正面的，也有负面的。

人与物之间的依赖关系一般不会被动解除，毕竟作为主体一方的人大多数都有能力维持这种关系，对于这种依赖关系，只要不伤害自己，也不伤害别人，就没必要解除，毕竟每个人都需要一个心灵的港湾。

但是一旦这种依赖关系会损害到自己或者别人，那么最好还是尽早解除，或者根本不要建立这种依赖关系，比如对毒品的依赖，因为这种依赖关系程度越深对人的危害越大。

相比人与物之间的依赖关系，人与人之间的依赖关系则更加有研究价值。

第二节 人与人之间的依赖关系分析

实际上人与人互补的关系不难寻找，但互补到极致形成依赖的关系就相当少见了。

而且这种互相依赖的状态不仅难得，还非常具有诱惑力，当你处于这种状态的时候，你会觉得生活美满，如胶似漆，进而觉得自己的人生价值得以实现，自己最自傲的本领或者成就得到了认同，这几乎是所有人的精神追求了。

所以人类其实非常向往这种依赖，甚至主动寻求建立依赖关系，古代人寻找“知己”就是这种主动追求建立依赖关系的表现。

然而当这种状态结束的时候（尤其是被动结束的时候），原来处于这种状态的人会陷入一种巨大的不适应，甚至会主动封存可能引发自己回忆起这种状态的事情，最著名的就是钟子期死后，俞伯牙连琴都摔了，说是世上再无知音，实际上是觉得自己再也寻不回那种互相依赖的状态了，而处于那种状态比自己挚爱的弹琴都重要。

其实这种情况不仅仅出现在伯牙和子期之间，很多人都在失去知己之后发现，原来一直喜欢和想要的东西都变得不值一提了。

相传很久以前杭州有一个家商贾姓钱，生意做得很大，说是家财万贯一点都不夸张。

钱家当代家主叫作钱不易，钱父给他取这个名字，本意是让他时时自省，赚钱不易，不要骄奢淫逸，但到了他这里自己名字的意思就变成了“好茶好壶，千金不易”——这位钱家家主不好赌，不好色，不好酒，就好一样东西——茶。

从茶叶到茶具都喜欢，最喜欢收集上好的茶壶，在杭州商界，“茶痴钱不易”的雅号可是无人不知，无人不晓。

钱不易有一个奇怪的规矩：但凡懂茶的人皆可上门品茶，无论贵贱，定要好生招待。

某日钱不易正在花厅与人谈生意，忽然仆人来报说上门一个乞丐，本来乞丐上门自然是不需要打扰家主的，但奇怪的是这个乞丐不求吃，不求喝，但求一壶清茶。仆人知道家主的脾气，不敢擅自做主将乞丐打发了去，钱不易听了仆人的报告后笑道：“这乞丐倒是个妙人，也罢，你就请他去茶厅给他上一壶好茶，要不然传出去岂不是砸了我‘茶痴’的名头！”

仆人领命而去，将乞丐请进茶厅，给他倒了一壶好茶，鉴于这是个乞丐，所以仆人取的虽是好茶，却不是最好的，谁知茶水入杯，乞丐瞥了一眼茶色之后，连连摇头道：“茶不好。”

仆人一愣，想不到这乞丐居然是个懂行的，想起家主的吩咐，忙取了最好的茶，给乞丐重新沏了一壶恭敬奉上。

谁知乞丐倒了一杯茶水之后只闻了闻就放下了：“茶不错，水差了点，当取乳泉、石池漫流之水为佳。”

仆人看出他有些来头，连忙依他所言，取了上好的山泉水，又泡了一壶。

这次乞丐终于端起茶杯饮了一口，仆人刚舒了口气，就见乞丐轻轻摇头道："水不错，只是烧水的柴还差了点，煮茶之柴当取山阴之木为佳。"

仆人常年跟着钱不易，还是有些眼界的，知道这乞丐或许就是一位茶道大家，连忙前去报告钱不易，钱不易听后非常感兴趣，当即命令仆人去取山阴之柴，匆匆结束商谈，就携着仆人去了茶厅。

仆人奉上新沏的茶，钱不易与乞丐相对而坐，也不言语，各取一杯茶慢慢品尝，片刻后，乞丐放下茶杯，喟然道："这茶、水、柴具是上佳，美中不足的是这壶终究差了一点。"

钱不易苦笑道："实在惭愧，我空有'茶痴'的名号，却拿不出让先生满意的茶壶来，这把壶就是我手中最好的一把了。"

乞丐好像这时才发现对面坐着个人，看了他一眼，笑道："也罢，来而不往非礼也，既受了你的招待，自当报答。"说着，小心翼翼地从怀里取出一个小布包，拆开一看，竟是一把精致的紫砂壶，钱不易一眼就看出这把壶绝非凡品，远胜自己以前所搜集的那些。挥手招来仆人，用这把紫砂壶重新沏了一壶茶，茶未入口，香气已不凡，入口之后更觉浑身舒泰，唇齿留香，回味不绝，钱不易当即起身长揖至地："先生这壶可愿出让？我愿出百金来换！"

不料乞丐果断拒绝了，只说一句"不换"，就起身倒掉茶水，收起壶准备离开。

"茶痴"见了宝贝岂肯轻易放手？急忙加价："先生慢走，不易愿将一半家产奉与先生，只求先生能赐下此壶。"

这回乞丐连话都不说，头都不回就要离去。

钱不易急了，咬牙道：“不易愿用全部家产与先生交换此壶！”

乞丐听了，转过身来看了钱不易半晌，忽然笑了，感慨道：“我若是肯舍了这壶，会落到如今这步田地吗？”说完就转身离开。

钱不易急中生智，急忙道：“先生既然不肯割爱，这壶钱某就不敢强求了，若是先生不嫌我这寒舍简陋，不妨就此住下，你我同吃同住，钱某决不亏待先生。”

乞丐回过身来，抱紧怀中茶壶：“无功不受禄，钱先生好意，我心领了。”

钱不易知道乞丐不信任自己，忙道：“不易只求先生每日让我看看这壶就好，绝不敢另起它念。”

乞丐也正愁今后的生计，沉思半晌，终于点头答应了。

从此乞丐在钱不易家住了下来，两人每日煮茶论道，把玩紫砂壶，都觉万分投机。两人都深感相见恨晚，没过多久就成了莫逆之交。

转眼两位茶中知己一同度过了将近二十个年头，年纪较大的乞丐身体越发老迈，常常感叹时日无多。

一天两人品茶论道后，老乞丐抚摸着自己视若珍宝的紫砂壶道：“老钱啊，我怕是时日无多了，我一辈子没成家，膝下也没个儿女，这宝贝若是被我带进棺材怪可惜的，等我死后，这紫砂壶就归你了。”

结果老乞丐一语成谶，没过多久就过世了，临终前亲手把紫砂壶送给了钱不易。

钱不易终于拥有了想了快二十年的紫砂壶，可他只把玩了两天就觉得索然无味，眼前总是回想起和老乞丐一起品茶的情景，终于长叹一声，将紫砂壶狠狠摔在地上……

相比于人与物之间的依赖关系，人与人之间的依赖关系种类没有那么多，但是影响同样也是双方面的。

一方面这种依赖关系会带来极大的互补，会让双方都觉得自身的价值得到了肯定，甚至对自身的发展起到极大的促进作用，想来俞伯牙遇见钟子期之后，对于音律的研究一定是更加得心应手，一日千里了吧。毕竟有一个知己陪伴在身边，研究音律的热情会更加高涨，互相依赖之后那种发自内心的满足感也会让艺术细胞更加活跃。

但另一方面，人的命运诡秘难测，谁也不能保证人和人之间的这种依赖关系会一直维持下去，而当这种依赖关系中断之后，如何面对结果就是非常考验人心智的一件事情了。一方面我们要回避依赖关系解除带来的痛苦，而另一方面，也要享受依赖关系带来的快乐和对自身发展的促进作用。

我们会与互补的人产生依赖，但每个人都是一个独立的个体，都拥有脱离任何一个人而独自生存下去的权利和能力，这种独自生存下去的能力并非指完全脱离所有人独自生存（实际上据我所知没有人能够做到，就算能够做到，那种凄惨的生活状态也不是我们所追求的），而是说每个人的生存都不会完全依赖某一个（或几个）人，就如同森林中的藤蔓必须倚靠树木才能生长到高处，但并不意味着藤蔓只能倚靠某一棵甚至某一种树木才能生长到高处，爬不上杨树可以爬槐树，槐树倒了可以爬松树，实在不行，哪怕身边没有树，逮着一片山壁也能爬上去，就算最绝望的状态，身边啥都没有，趴在地上也能活得不错。

你看，连藤蔓这种“软骨头”都能不依赖某一棵树活下去，身为一个人，就算没有铮铮傲骨，也不应该离开某人就活不下去吧？

正如唐望所说：“人们很少了解到，我们可以在任何时候把任何事从生命中除掉。”

我有一位学医的朋友曾经对我说过，实际上医生很多时候干的事情就是在损失最小（至少保证患者生命续存）的情况下，把病灶部位切除，比如各种器官切除手术或者放化疗，其实人们很少面对的一个现实就是，只要生命还在，所有你认为不可或缺的东西其实都可以舍弃。

简单举例，你觉得你的右手重要吗？当然重要，但是如果现在你必须截掉右手才能活下去，你会如何选择呢？医学上有太多这样的例子了，人失去视觉可以活下去，失去听觉也可以活下去，甚至全身瘫痪也可以活下去（甚至能够完成健全人都做不出的事情），视觉、听觉甚至行动能力，这些对于我们来说都是生活中不可或缺的，但是离了它们我们就真的活不下去吗？

大多数人只是从来没有认真思考过这个问题而已。

思考这个问题的最大也是唯一的意义，就是想明白一件事——当我遇到这种情况的时候应该如何面对？

面对这种依赖关系的解除（有时是知己的离去，有时是至亲的分别），人们的选择各不相同，历史上想不开自尽的有之，摔琴断弦，郁郁寡欢的有之，坦然面对，鼓盆而歌的也有之。

“鼓盆而歌”的典故出自《庄子·至乐》中的记载：

庄子的妻子死后，他的朋友惠子前去吊唁，惠子到了庄子家，进门之后却看见庄子正坐在草席上敲着瓦盆唱歌。

惠子很不理解，就对庄子说：“你的妻子与你生活在一起，为你生儿育女，日夜操劳，如今死去，你不伤心也就罢了，竟然在这里敲盆唱歌，你不觉得太过分了吗？”

庄子奇言奇行，自然有他的道理，庄子对他的老朋友解释道：“并不是你想的那样，我妻子刚刚死去的时候，我如何能不感叹，不伤心呢？但是推及最初，我的妻子也是没有生命的，不但没有生命，而且连形体也没有，不但没有形体，甚至连元气也没有。恍惚之间有了元气，由元气产生形体，进而有了生命，现在她死了，从有生命又变回了无生命，并且逐渐要完全恢复到最初时的样子，这种变化就如同四季交替一样，是自然循环的规律，人家正在天地间安然地休息，而如果我在这里号啕大哭，未免也太不懂天命了，所以就停止了悲伤。”

庄子妻死，鼓盆而歌，并非因为庄子无血无泪，而是他对世界的认识足够深刻，对这种依赖关系的解除看得通透，所以他能够坦然面对。

我们或许达不到庄子那种看破生死的境界，但能够通过认识自己，认识世界，认识这种相互依赖关系的本质，来坦然面对依赖关系的解除。

这也是我们不断追求认识自己，认识世界的原因所在。

第三节 摆脱幻想，窥见真实

实际上摆脱依赖不一定会让你过得更好，之所以就这个话题深入阐述，一方面是因为有时候这种互相依赖的关系是被动结束的，由不得我们选择，这时候就需要我们对这种依赖关系有一个正确的认识，谁离开谁都不会死；另一方面，并不是鼓励大家主动结束这种依赖关系，而是纠正大家的认知——别人对你没有你想象得那么重要。

想象同样是每个人最大的自由，也是人类创造力的源泉，但是人不能活在自己的想象中，世界上所有的糊涂人都是活在自己的想象中，而我们所追求的认识自己，认识世界就是走出自己想象的围城，看清真实。

每个人都生活在自己的环境里，我们用所见、所感、所思来编织自己的认知世界，但所见都是真的吗？所感都是正确的吗？我们所认为的世界和世界真正的样子都是一样的吗？

正如孔子所说："我们相信我们的眼睛，但是眼睛所看到的不一定就是真的，我们所依靠的是我们的心，但我们的心也有不可靠的时候。"（原话是：所信者目也，而目犹不可信；所恃者心也，而心犹不足恃，弟子记之，知人固不易矣。出自《吕氏春秋》）

我们所看到的就一定是真的吗？

史载，孔子曾经与一众弟子被困在陈、蔡之间，进退不得，连续七天没有东西吃。

孔子的弟子被断粮了七天之后，每一个都瘦身成功，有的弟子心中起了担心忧虑，但孔子依旧每天学习修身，弹琴唱歌，不见分毫的担心与抱怨。

一同被困的弟子中，有一个弟子名叫子贡，身手很好，他看见老师、同学的境况如此困顿，于是就偷偷地冲出重围，用自己身上的财物找当地的人换了一点米回来，以缓解大家的饥饿。

但是人多米少，只能煮稀粥，负责掌勺的是众弟子中手艺最好的子路和颜回，两人架起了一口大锅，在一间破屋子里为大家煮稀粥。

这边煮着粥，身为大厨之一的子路有事离开了一会儿，只剩颜回一个人掌勺。

这时孔子的另外一个弟子子贡从井边经过，一抬头，正看见大厨颜回从锅里盛了一小勺粥往嘴里送，子贡当时就不高兴了：大家这么信任你颜回，让你负责掌勺，结果你居然偷吃！

但是他并没有上前质问颜回，而是找到了自己的老师孔子。

行礼后，子贡问孔子："老师，您说一个仁人廉士会因为困厄而改变自己的气节吗？"

孔子回答："如果一个人在穷困的时候就改变气节，那他怎么称得上是仁人廉士呢？"

子贡继续问孔子道："老师，那你觉得像颜回这样的人应该不会因为困厄就改变气节吧？"

孔子很明确地回答子贡：“当然不会。”

然后子贡就把看见颜大厨偷喝粥的事情告诉了孔子。

孔子听了之后很淡定，说：“长久以来，我都是信任颜回的，虽然有你看见的情况为证，但我还是觉得不能因为这一件事情就怀疑颜回的人品，其中也许有什么不为人知的缘故吧，你先不要讲了，等我把颜回叫过来问问。”

于是孔子把颜回叫了过来，对他说：“我前几天梦见先人了，这难道不是祖先要庇佑我们吗？你把粥做好之后，我准备先祭祀祖先。”（根据祭祀祖先的礼节，祭祀祖先的食物，人是不可以先吃的。）

颜回答道：“老师，这粥已经不能用来祭祀祖先了。”

孔子问：“为何？”

颜回道：“我刚才在煮粥的时候，屋顶被水蒸气熏掉了一小块尘埃，正好落在粥里，想要置之不理，又担心粥变得不干净，想要挖出来扔掉，又觉得浪费粮食非常可惜，所以就用勺子把脏的部分挖出来吃掉了。而吃过的食物是不能用来祭祀祖先的啊！”

孔子听了之后点点头，说：“正该如此，如果是我的话，也会吃掉它。”

于是让颜大厨回去继续煮粥。

颜回出去之后，孔子回头对在场的几位弟子说：“我对颜回的信任，是不用等到今天才来证实的。”

于是几位弟子非常信服。

（这段历史记载在《孔子家语》卷五“困厄”第二十）

人类的感觉器官其实很迟钝，人的眼睛能够识别的光谱相当的狭窄，红外线、紫外线等人类都是看不到的，但是有许多其他的生物却是能够看到，它们眼中的世界和我们眼中的世界是一样的吗？我们身处同一个世界，但我们的眼睛看到的景象却是截然不同的，那么我们所看到的就是真实的吗？

听觉灵敏的动物听觉可以超过人类数百倍，人类听不到的，不代表它们听不到，那么身处同样的世界，我们听到的东西也是不一样的，那么我们听到的就是真实的吗？

我们的一切感知都是有局限性的，那么我们眼中的世界和真实世界之间可能相差甚远，而感官的局限造成的认知偏差还不是我们认知世界的最大问题，因为我们可以借助工具扩大我们的感知，看到更多，听到更多，但是我们的想法或者说认知与现实世界之间的偏差才是最难以解决的问题。

你觉得你认识的世界，就是真实的世界吗？

在人们的认识中，水火不容，但是化学家们发现钠能在水中燃烧；在人们的认识中，花有叶，草有根，但是植物学家告诉我们世界上两种植物分别叫水晶兰和菟丝子（这两者一个有花无叶，一个无根）；在人们的认知中，潮涨潮落，月亮圆缺，万事万物都是循环的，但科学家告诉我们有一种叫作“熵”的东西只增不减；在人们的认知中，生物非生即死，但物理学家告诉我们薛定谔养了一只猫（薛定谔的猫处于一种不生不死的状态）；在人们的认知中，一个东西有正面必然会有反面，但是数学家告诉我们有种东西叫“莫比乌斯环”（莫比乌斯环不分正反）……

可以说，我们完全生活在自己编织的虚假世界里，我们的视野是有局限的，我们的听阈是有局限的，但我们的想象是没有局限的，一旦人们在对世界的认知上遇到困难，就会习惯性地用想象来填补这其中的空白（大多数神话传说就是如此而来），而将想象融入对世界的认知之中，又如何能够窥见真实？

如果连对世界的认知都是错的，那么我们又如何认识自己，如何认识自己与别人的关系？世界上大多数的人都走不出这个怪圈，这不能不说是一件非常可怕的事情。

有一个经典的笑话讲的就是因为想象而造成的认知偏差。

从前有一只兔子去钓鱼，它拿起鱼竿，放上鱼饵，坐在岸边开始钓鱼，这一坐就是一整天，一条鱼都没上钩。

兔子很纳闷，赶紧检查一下，鱼钩没问题，渔线没问题，鱼饵也在。兔子挠了挠头，看着天色不早了，就先回去了。

第二天一大早，兔子又兴冲冲地坐到河岸边开始钓鱼，结果同样到晚上一无所获。

第三天同样如此。

这只兔子是个有毅力的兔子，第四天一早又拿起鱼竿来到河边，还没来得及下竿，就听见河中间传来一个声音：“嘿，兔子！”

兔子抬头一看，河水中有一条金红色大鲤鱼将脑袋探出水面，它对兔子摆了摆鱼鳍：“你过来。”

兔子往前走了两步：“干吗？”

鲤鱼一下子跃出水面，尾巴狠狠抽在兔子的脸上，大骂道：“小兔崽子！你再敢拿胡萝卜糊弄我，我就一尾巴抽死你！”

很多时候真正读懂童话的人往往不再有童心，真正读懂笑话的人往往笑不出来，因为童话中隐藏着真实的人性，而笑话中的笑点往往是人们身上可悲的地方。

故事中的兔子就是因为自己的想象造成了对世界的认知偏差——它最喜欢吃胡萝卜，认为胡萝卜是世界上最有吸引力的食物，于是就用胡萝卜作为鱼饵来钓鱼，这就是它自己想象的部分了，而真实的世界是鱼根本不吃胡萝卜，于是就有了兔子用胡萝卜钓鱼的经典笑话。

这种用自己想象来“想当然”地认识世界是很多人的习惯，甚至很多人把这种习惯视为正常的逻辑推理，比如在兔子的故事中逻辑关系就是“因为胡萝卜是世界上最好吃的食物（自以为），所以鱼一定爱吃”，它与正确的逻辑推理之间最大的差别就是，这个逻辑关系中的条件“胡萝卜是世界上最好吃的食物”是兔子自以为的！而现实根本不是如此，这就是兔子对世界的认知被自己的感官和想象所局限了。

我不是说逻辑推理不对，实际上逻辑推理在我们的生活中是非常重要的一项能力，一叶落而天下知秋的能力是每个聪明人都要具备的，但是兔子这种“自以为”的逻辑推理就有了很大的问题。

在人认识世界的过程中，这种“心灵的围城”所造成的影响是非常大的。所以我们要尝试摆脱这种自以为是的认知，而摆脱这种自以为是的最好方法是走出自己的局限——既然想知道鱼最喜欢吃什么，为什么不问问鱼呢？

当然现实中鱼是不会说话的，但是不会说话不代表不会表达，一切的行为本身就是一种表达，在认知世界的过程中，观察和实践远远胜过想象，从实践的角度，我们可以把几种食物放在鱼面前看它吃哪个，从观察的角度，我们可以观察一下鱼的日常，了解它最喜欢吃什么。

鱼如此，人又何尝不是如此，世人熙熙皆为利来，世人攘攘皆为利往，所有的行为都有目的性和规律性，而这就是真实的条件，可以建立正确的认知。观察和实践永远是认识世界的最佳手段。

这也就解释了为什么有的人能够了解别人，而有的人哪怕怀着一颗好心，也会不断地伤害别人。因为他的认知是建立在“自以为”的心灵围城之中，他就是给鱼吃胡萝卜的兔子，请羊吃肉的老虎，明明嚷嚷着自己在“换位思考”，可是最终还是学不会与别人相处。

根本原因就是这些人理解的别人，实际上是在他们自己认知中的别人，他没有走出自己的心灵围城，自然也就不能正确地认识世界，认识别人。

之所以花费大量篇幅描绘人们认知中因为想象造成的偏差，是因为人与人之间的高度依赖关系被解除之后产生的这种绝望，就是由于对世界认知过程中想象所造成的。

其中最大的逻辑关系就是“因为我们配合得最好，有他在我能得到更多的幸福，我离开他就再也找不到同样的幸福了（自以为），人们都是喜欢得到而厌恶失去，所以我要通过死亡和消沉来逃避这种失落和绝望”。

在这条逻辑关系中，所有的条件都是正确的，只有一条“我们配合得最好，我离开他就再也找不到同样的幸福了”这个条件是自以为的，因为你觉得你们的配合是最好的，但实际上你们只是高度互补，却不是唯一可以互补或者高度互补的，虽然高度互补属于少数，但绝不是唯一，这种把少数自以为当成唯一的，就是想象对认知造成的偏差了。

当你把少数看成唯一的时候，你就会在心中不断地美化这种互补关系，即使遇到可以和你互补的更好的人，你也会认为不如原来的，因为原来的是“唯一”，而一旦你认识到这种“天造地设”的“唯一”的互补关系是你想象出来的错觉之后，就会发现，脱离了这种依赖关系，我不一定会过得更好，但是绝不至于活不下去。

当你走出了这种“自以为”的心灵围城，就会发现，不用退一步，只需看清眼前，就能够海阔天空。

既然认识到了别人对你没有你想象得那么重要，那么反过来，对别人来说，你也没有你想象得那么重要。

第五章 你没有你想象中的那么重要

谁离开谁都不会死，这句话的意思，不是让你选择放弃，而是让你知道，你没有你想象得那么重要。本质上，这句话是在“认清自己身上不可变的部分”基础上更进一步，“人身上有部分特质是不可变的”是站在自己的角度认识别人和自己，而“谁离开谁都不会死”是站在别人的角度认识别人和自己，本质上是尝试了解自己在别人心目中的地位。

以自己为中心，就有可能会过分强调自己在团队或者集体中的作用和价值，其实每个人都应该有一个认知——没了谁太阳都会照常升起。

所以每个人都应该学会站在别人的角度来认识世界，有句老话说“要想公道，打个颠倒”，很多时候换位思考能够让我们的视野更加开阔。

我们必须意识到我们没有自己想象中那么重要，这样就能够更加正视自己，看清自己，也能够在面临选择时选择正确的选项，但在此之前，每个人都应该清楚，自己真的很重要。

第一节 你真的很重要

我们为什么会觉得自己重要，或者为什么会觉得自己不重要？

实际上对自己重不重要的认知，更多地来自一种“被需要感”，简单来说，这种自己很重要的认知取决于别人对我们的期望，或者是我们内心之中认为别人对我们的依赖。

他或者他们需要我存在，所以我的存在才重要。

因此很多人都会自觉或者不自觉地怀着一种自卑的心态去生活，因为他们觉得地球没了谁都能转，而我只是芸芸众生中的一个小人物。

在这里，我要告诉你的是——这种想法是错误的，人可以有作为小人物的自觉，但不能因为自己不是大人物就觉得自己不重要！

你重要吗？

一个人太重要了。如果你有一个孩子，没有你，你的孩子无法诞生；如果你开了一家公司，没有你，这家公司就不存在；如果你有一个家庭，没有你，你的家庭是不完整的；没有你，这个社会少了一颗螺丝，这个组织少了一根弦……

在社会中，你只是一个个体，但任何一个个体都太重要了，因为没有个体就没有整体，任何一个个体都可能衍生出一个庞大的整体。

失去一个个体，小到一个家庭的破碎，大到一个国家命运的改变，更有甚者，因为一个个体——孔子的存在，出现了影响中国两千五百年的儒家文化。

所以你要知道一个人可以很重要，你也可以很重要，没有人生来就注定平凡，你也一样。

一个人在世界上有多么重要，我们可以看到，一个人可以左右一场战争的胜负，可以影响一个国家的政策，可以开创一个时代……

世界由无数个细节构成，每个人都是这样一个细节，任何一个细节都有可能撬动世界，你的出身、背景、样貌、性别等一切都不会影响你的重要性，所以无论任何时候，不要有自己无足轻重这种错误的认知。

很多人甚至小到在历史上不会留下名字，但他们仍然以一己之力有意或者无意地改变了历史的走向，比如在《史记·项羽本纪》中有载：项王渡淮，骑能属者百余人耳。项王至阴陵，迷失道，问一田父，田父绐曰“左”。左，乃陷大泽中。以故汉追及之。项王乃复引兵而东，至东城，乃有二十八骑。汉骑追者数千人。

项羽逃跑时迷路，结果遇上一个瞎指路的田间老农，致使军队陷于大泽，最终落得自刎乌江的下场。可以说老农随手一指，断送了一代英雄，也为开创汉室王朝做出了巨大贡献，谁又能说这个在历史上连姓名都没有留下的老农不重要呢？

这些无名英雄似乎都偏爱汉室，据《资治通鉴·汉纪》中记载：刘秀进至下博城西，惶惑不知所之。有白衣老父在道旁，指曰：“努力！信都郡为长安城守，去此八十里。”秀即驰赴之。

同样是大军迷路，遇到史书上无名的白衣老父，同样是随手一指，汉室王朝得以中兴。宋朝末期无名宋军一发土炮，打死了蒙古国大汗蒙哥，直接结束蒙古国第三次西征，宋朝国运也得以延续20年，改变了整个欧亚大陆的历史；唐朝时无名胡人一念之仁，放走了尚在襁褓的安禄山，最终覆灭了整个盛唐；三国时期中牟县无名小吏放走了曹操，风云际会之后形成三分天下的大势……

每个人都应该认识到自己的重要性——你真的非常重要。我们或许生而平凡，但这不影响你很重要，每个人都该有一种立身于世，当有所作为的豪情，就算不怀壮志改变世界，至少也要过好自己的一生。

第二节 你的成就来自你的不变

当然，光有这种认识是不够的，古往今来自命不凡而金玉其外败絮其中者如过江之鲫难以计数，我们不光要知道自己的重要性，同样也要知道，自己如何才能发挥出自己的这份重要性。

这就涉及第二节的主题——你的成就来自你的不变。

在一个人的身上不变的东西越多，就越容易取得成就，一个人的重要性和这个人身上不变的品质有关系。

每个人在小的时候都曾经萌生过这样的想法：我长大了要做科学家，用知识改变世界；我长大了要做飞行员，飞遍世界每一个角落；我长大了要做音乐家，用音乐陶冶大家的心情……这种源自最初对自己成就的期望，叫作梦想。

在学习和成长的过程中，随着阅历的加深，我们会逐渐诞生一种信念，我要修身齐家治国平天下，我要从商赚很多钱，我要好好读书成为高级知识分子……我们管这种源自经历结合自身环境而明确的目标叫作志向。

但是有志向不一定能成功，唯有坚持才是真正的成功者，在阿里巴巴扬名之前，马云落魄奔波了近十年，也坚持了近十年，但在此之前谁又知道他的坚持呢？而现在谁又知道那些在同样道路上却选择放弃的无名之人呢？

曾经我看到有一个人在知乎上晒出一张陈旧的名片，说自己几年前曾经遇到过一个自己创业的小公司老板，两人相谈甚欢，老板说很欣赏他，想要邀请他加入自己的团队，还送给他一张名片，但他见老板落魄寒酸，形象还不好，公司也小，就委婉地拒绝了，现在看着这张名片感慨颇多，因为这张平凡的名片上写着一个不平凡的名字——马云。

所以，对于一个人的成就，坚持就是最好的诠释。

通过坚持，你可以说服自己，让自己相信自己能行，你可以说服别人，让别人相信你能够做到，甚至你能够说服世界，让世界为你而改变。

在古希腊，大哲学家苏格拉底有着渊博的学识和深邃的思想，因而声名远播，来自各方的学子纷纷慕名而来，拜入他的门下，这些学子中不乏天资卓绝，聪颖异常的人，他们都信心满满地想要成为苏格拉底的继承者。

有一次，苏格拉底布置下一个任务：同学们，今天我要求大家做一个简单的动作，把手往前摆动 10 下，然后再往后摆动 10 下，你们做得到吗？

底下的学生都笑了——这么简单的事情，谁又做不到呢？

果然，第二天苏格拉底问自己的学生谁做到了的时候，几乎所有的学生都举起了手。

一周后，苏格拉底再次问了同样的问题，有一大半的学生都举起了手。

一个月后，苏格拉底再问，有五成学生坚持了下来。

过了一年之后，当学生差不多都已经忘记这件事情的时候，苏格拉底又问起同样的问题“谁坚持每天甩手了？”

只有一个人举起了手，他的名字叫作柏拉图，苏格拉底的弟子中最著名的一个，与苏格拉底同为古希腊三贤之一，我们都知道，甩手是甩不出一个哲学家的，但执着追求、坚持不懈的品质却可以让人在任何领域取得令人瞩目的成就。

不要试图说服，坚持就是最好的说服，不要试图证明，坚持就是最好的证明，一个人所有的成就都是源自自身不变的部分 —— 坚持。

第三节 你没有你想象得那么重要

看到这个标题，你也许会迷惑，你不是说我很重要吗？怎么又忽然不重要了？

其实并不是你不重要了，而是你没有你想象得那么重要，这句话想要强调的是你的重要性不是你想象出来的。

一个人的重要性取决于两点：

一，我们对自我的想象和实际之间有多大差距；

二，我们想象中我们对别人的影响和我们对别人的真实影响之间有多大差距？

很多时候我们会觉得自己对别人的影响很大，比如说，作为父母对自己的孩子的影响大吗？

按理说父母应该是对孩子影响最深的人，孩子身上的所有品质都应该传承自父母，但实际上是这样吗？比如作为老师对自己学生的影响又有多大？学生所学的大多数的知识都是老师传授的，但是同一个老师教出来的学生却是各不相同。

所以很多时候我们对其他人的重要性真的不如我们想的那样强，这一点尤其体现在你和其他个体之间的关系发生改变的时候，比如从情感上的亲密变成疏远，从距离上的相近变成相离，举一个极端一些的例子，大贤如孔子，死后众弟子也只为他守孝三年，最长的子贡也只有六年。

唯有你确实做到了，成为事实的，才是决定你重要性的因素，比如你确实已经成为家庭里面收入的支柱，这是事实，而非想象，所以在家庭中你很重要。

任何一个人都是重要的，但重要不代表唯一，尤其是体现在别人的身上，对于别人来说，自己并非不可替代的。

关于这一点，前段时间有位朋友的经历可做注解。

这位朋友是家中独子，因工作原因常年奔走于国内外，难得回家，家里面父母就三天两头地打电话，其实这很正常，所谓儿行千里母担忧，作为家中独子还不经常回家，父母挂念是非常正常的，这也恰好说明了这位朋友在父母心中的重要性。

可是这位朋友工作也挺忙，两头兼顾实在是有点兼顾不过来了，有一次聚会时就问我，有没有什么好的解决之道，我说：“这很简单，没有什么人是不可替代的，你只要找个靶子替自己承受父母的关怀就好了。”

过段时间我又遇到这位朋友，问他问题解决了没有，结果朋友对我大倒苦水：前段时间他买了一只萨摩耶送给父母，结果现在父母的朋友圈天天就是晒狗，也不再给他打电话了，每次他主动打电话回家，聊不了两句父母就嫌他烦，要出去遛狗。

朋友有点委屈，觉得现在自己在父母心中的地位比狗还低了。

在我们想来，什么能够比得上家中独子在父母心中的重要性呢？的确，也许真的没有任何事物或者人能够完全替代，但是很多东西可以从某些方面代替其重要性。就比如前面的例子中，朋友就用一只萨摩耶代替了自己在陪伴方面对父母的重要性。同样，重要不是来源于想象，最典型的想法就是“你没有我不行”和“要是没有我你能有今天吗”。

三国时著名的谋臣许攸就是因为不懂得这个道理而枉送了性命：

许攸，河南南阳人，原来是袁绍的幕僚，在官渡之战时投奔于曹操，为曹操献计偷袭袁绍的囤粮地点，帮助曹操赢得了官渡之战的胜利。

官渡之战后，许攸跟随曹操平定冀州，立下了功劳，但许攸总是觉得自己很重要，常说“若没有我如何如何”，行止屡次轻慢曹操，还称呼曹操“阿满”，这使得曹操麾下诸多谋臣武将多有不满（至于阿满君是不是不满就不足为人道了）。

一日，许攸在东城门闲逛，遇上了许褚，忍不住自吹自擂：“若是没有我，你们能这样出入此城门吗？”

许褚很不满：“城池是将士们舍生忘死，浴血奋战夺来的，你怎么胆敢这样夸口呢！”

许攸不以为然，骂道：“你们都是匹夫，没有什么了不起。”

许褚大怒，拔剑斩杀了许攸。

许攸以为自己很重要，但曹操麾下谋臣武将何其多，怎么会差许攸一个？这种想法断送了许攸的性命。

所以每个人的确都很重要，但是这种重要性既不是因为想象，也不是因为唯一。

既然重要性都不是唯一的，也就是说任何人都并非不可替代的，这也就是这一部分的主题“谁离开谁都不会死”的原因。

既然谁离开谁都不会死，那么我们就可以随便地抛弃了吗？

对于这个问题，我们要明白谁离开谁都不会死，但不一定会好。所以明白了谁离开谁都不会死的道理之后，不代表我们可以随意放弃一切。

如何主动放弃与面对被动的被放弃其实是一门深奥的学问。

第六章 选择与放弃其实是一体两面

正如现代管理学之父彼得·德鲁克说的那样：“21 世纪是一个选择的世纪。”

我们的一生要经历无数的选择，每一个选择都会影响我们的生命轨迹，甚至会成为我们命运的转折点。

在生命的旅途中，我们可以选择自己的事业，选择生活的态度，选择和什么样的人在一起……选择是一件非常考验人的智慧和格局的事情。

你也许会疑惑：我们不是在讲“谁离开谁都不会死”吗？怎么又和选择扯到一起了？

其实和这个问题紧密联系的并非选择，而是放弃。

选择与放弃就好像是一张纸的两个面，不可分离，共同存在。

所以选择和放弃没有本质的区别，但人们总是更愿意面对选择而不是面对放弃，因为放弃不仅仅需要勇气，更需要智慧。

第一节 放弃的智慧

关于放弃的智慧，流传着这样一个故事：

湘西有“中国的盲肠”之称，更早一些，这里被称为“十万大山”，现在这里是一个旅游的好地方，但是在近代之前，这里交通闭塞，土地贫瘠，而且匪患横行，当时有“十万大山十万军”的说法，生活在那里的人们过得十分贫苦。

这个故事的主角“石和尚”就生活在这里，石和尚其实并不是一个出家人，他的职业是一个在崖壁上采药的采药人，剃了光头只是为了行动方便，同时也是为了避免头发遮挡视线发生危险，因为一身土石色的皮肤和锃亮的大光头，所以有了“石和尚”的绰号。

尽管石和尚做的工作十分危险，但生活也不是很好，毕竟山崖上的草药也不是常有的，而且很多草药也真的说不上值钱，所以平日里下崖采药时用的麻绳很久都不舍得换一次。

正所谓常在河边走，哪有不湿鞋，有一次石和尚下崖采药的时候忽然感觉手上一松，那条陈旧的麻绳终于被山石磨断，石和尚未及反应，就跌下了百丈山崖。

幸而石和尚反应还算不错，跌落的途中抓住一棵生在山崖上的小树，整个人悬在半空，往下一看，离地足有三十米，石和尚赶紧用力抓紧了小树，并且大声呼救。

随着时间的推移，石和尚渐渐力气不支，正绝望间，忽然山崖上有人声传来。

许是石和尚真的有些佛缘，一个老和尚听到了石和尚的呼救声，赶到了山崖边，石和尚猛然看见希望，赶紧道：“求大师救我性命！”

老和尚看了片刻，为难道：“施主悬在半崖，上不着天，下不着地，老衲又没有带绳子，如何救得了施主？”

石和尚自然也是知道这个道理的，但此刻他已觉力气将尽，哪肯放弃希望？只在口中连连道：“求大师慈悲为怀，救我性命！”

老和尚也知情况紧急，沉吟片刻后，对石和尚喊话道：“为今之计，老衲也只有一个办法，只是不知施主是否相信老衲了。”

石和尚双目陡然发出光来，猛然抬头道：“大师快说，小的一定听您的！”

老和尚气沉丹田，沉声道：“那就请施主——放手！”

石和尚感觉受到欺骗，加之身处险地，更加绝望，哇哇大叫道：“兀那秃贼，竟要害我！”

老和尚没有生气，解释道：“施主您现在悬于山崖间，手中只有一棵小树着力，既爬不上来，也爬不下去，一直不放手，等到力气耗尽跌下去恐怕十死无生，不如趁现在还有些力气，及早放手，方能争得一线生机啊！”

石和尚一听，是这个道理，咬了咬牙，松开了手中的小树苗。在跌落的过程中，他用剩下的力气尽量抓住山崖上的碎石、土块以求减速，最后落地时还是摔断了好几根骨头，被老和尚带回庙里悉心照料，好歹捡了条命回来。

后来石和尚就再也不做采药的营生了，据说他真的看破红尘随老和尚出家了，也有人说他去了别的地方讨生活，石和尚的下落不得而知，但他勇于放手争得一线生机的故事却一代代流传了下来。

如果放弃可以更好，或者早晚要放弃，那么没什么难以割舍的，就如同石和尚抓住的那棵小树，如果他不听老和尚的劝告，等到精疲力竭再摔下去，恐怕就断无幸理了。

有多少人悬在山崖间的时候把手中的那棵小树视为生命的全部，认为离开了它自己就会死，最终只能精疲力竭地坠落山崖。

所以很多时候，明白了“谁离开谁都不会死”这个道理之后，放弃时就会更加勇敢。

放弃要勇敢，也要果断，别等到自己精疲力竭，没有选择的时候再选择放手，因为没人敢保证明天和死亡哪个先到，属于我们的，只有现在。

但其实放弃并不是简简单单的一个动作或者一个选择，放弃有很多的分类，有主观的放弃，也有客观的放弃，有系统的放弃，也有非系统的放弃，有主动的放弃，也有被动的放弃，在不同的情况下，放弃的智慧也是不同的。

所谓放弃的主观与客观指的是，有的时候放弃是目的，有的时候放弃是代价。当放弃是目的的时候，就属于主观的放弃，而必须承受放弃的代价的时候就属于客观放弃。

放弃的系统与非系统指的是放弃的规模，我们在做某一件事情的时候，可能会放弃这件事情中某一个点，这就是非系统性放弃，直接放弃一整件事情中所有的点，这就是系统性放弃。

具体来说，非系统性放弃是指放弃整体中某一个部分，而系统性放弃是指放弃一个整体。拿战争来比喻的话，非系统性放弃是放弃某一场战役，而系统性放弃是放弃整场战争。

放弃的主动与被动很好理解，就是放弃与被放弃。选择与被选择，放弃与被放弃，是每个人在生活中都要面对的难题，能够处理好这些难题就能够让自己的人生向着自己规划的方向前行，而不善于处理这些难题的人，他们的人生轨迹就好像无人掌舵的船一样，总是随波逐流地遇到一个未知的结果，明明奋力地挣扎却不能得到自己想要的，总是后悔自己当初的选择，所有的“一失足成千古恨”都是不擅长处理选择与被选择，放弃与被放弃这个问题的结果。

第二节 放弃与被放弃

选择与放弃如一体两面，不可分割，选择就意味着放弃，放弃本身就是一种选择。所以研究这个问题不需要从四个角度来进行，而只需要从“放弃”和“被放弃”两个角度进行就可以了。

首先，对于放弃这件事情，我们必须“想明白”。

想明白什么呢？

简单来说，要想明白两个问题：

1. 主动放弃时，应该想什么？

2. 当成为被放弃的目标时，应该怎么想？

主动放弃时的“想”指的是“思考”，主动放弃时思考的是放弃的依据：我为何要放弃，此时必须放弃吗，放弃可以得到什么，此次放弃值得吗？

简单来说，就是思考放弃的目的，放弃的时机，放弃的必要性和放弃的结果，需要注意的是，放弃的目的和放弃的结果是不一样的，其中的差别非常大。

比如你现在有一块面包，而你想要十块钱，那么“得到十块钱”就是你放弃的目的，而你放弃的结果要从两个方面来分析，一方面是放弃带来的连锁反应，也就是说，放弃面包你会失去什么，比如你现在马上要饿死了，那么放弃的结果不仅仅是失去一块面包，还可能失去生命；又比如你的朋友也需要这块面包，向你求取，而你把面包放弃了，那么你除了失去面包之外可能还会失去这个朋友……很多时候放弃需要付出的那部分，还包括带来的连锁反应，比如你放弃了心脏，你失去的很可能不仅仅是一个器官，而是你整个生命。

放弃的结果需要分析的另一方面是你放弃之后，得到的结果与你的目的之间的差距。还是刚才的例子，比如你想要放弃一块面包，而目的是得到十块钱，而在实际的过程中，你可能放弃了面包之后只换来九块钱，或者这块面包换来了十一块钱，还有可能这块面包没有换来钱，而换来了一条鱼。

这就代表了放弃的结果与目的之间出现差距的三种情况（当然，最理想的状态是目的与结果一致的情况），首先放弃的目的是不变的，都是“得到十块钱”，但是结果就有三种可能，第一种可能是想要十块钱，结果只得到九块钱，也就是结果比目的少；第二种可能是想要十块钱，结果却得到了十一块钱，也就是结果比目的多；第三种可能是你想要十块钱，结果却用面包换到了一条鱼！

除去理想的结果（即目的等于结果）之外，第一种结果让人失望，第二种结果让人欣喜，第三种结果充满了不确定性，因为你得到的结果与你的目的根本驴唇不对马嘴。

我们必须认识到，放弃和交换不一样，不是你把面包放在天平的一边，另外一个人把十块钱放在天平的另一边这种纯粹的交换，需要考虑的因素非常多。

而不懂得考量如何放弃的人自然得不到想要的结果，放弃的原则有两条：

第一，要以目的为导向，不管是最初的放弃，还是其他都是为了得到你想要得到的结果，如果连个想要的结果都没有，放弃也就没有意义。

第二，要注意放弃的连锁反应，这种连锁反应有好的，也有坏的，但在放弃之前你必须思考清楚放弃将会带来的连锁反应，一方面防止损失扩大，另一方面，对于连锁反应带来的结果（不管好坏）要有足够的准备。

如果你喜欢随缘放弃，得到啥是啥的生活方式，那么你这一生过得怎么样，就全要看命运是否垂青你了，毕竟没人掌舵的船也不是不可能跨越大洋到达彼岸。

主动放弃还有一种特殊的情况，放弃本身即是目的，这种情况被称为主观放弃，在前文中提到的主观放弃就属于这种情况，某一件东西我不想要了，那么放弃本身即是你放弃的目的，这种情况下，你可以不考虑放弃的目的和结果之间的差距，但你一定要考虑放弃的结果的连锁反应，就好像我在前面举的例子，如果你不想要你的心脏了，在你放弃心脏的同时你就已经达到目的了，但是你要考量放弃心脏会带来什么样的连锁反应，这很可能会要了你的命！

这是主动放弃的“想”，而被动放弃也需要“想”，主动放弃的“想”更多地倾向于思考得失，而被动放弃的“想”则更倾向于理解，简单来说，就是如何看待被放弃。

无论何时何地，被放弃都不是一件让人高兴的事情，有些时候被放弃不是决策者无奈的选择，仅仅是出于对你的恶意，大多数时候这种打击是很难让人接受的。

在面对被放弃的结果时，很少有人能保持平静的心态，绝望、仇恨这些负面情绪不断地在心头翻涌。

但这有什么意义呢？负面情绪只能毁掉一个人或者一群人，却不能让一个人过得更好，如果你觉得你生命的意义就是为了沉浸在这些负面情绪中，不断地自我伤害和伤害别人的话，请尽管享受这些负面情绪。但我要警告你的是，当一个人的心中没有爱，没有光的时候，这个人无论是对世界、对社会还是对家庭来说都是个祸害。

而如果你觉得自己的生命应该有更大的意义，那么就不能让自己沉浸在这些情绪里，我们要理性地看待被放弃，实际上对于被放弃的人来说，被放弃本身也是一种放弃。

最重要的是，这种被放弃你只能选择接受，找到被放弃的原因，然后理解，最后释然，对于任何一个人来说，这一过程远比怨天尤人要重要得多。

怨天尤人只会让人怨恨和消沉，但是接受被放弃，然后找到原因却可以让人获得成长。事必有因，水必有源，世界上没有无缘无故的爱，也没有无缘无故的恨，被放弃一定有一个原因，找到这个原因，积极消除这个原因，才能让自己免于被放弃。

如果你发现这个原因是无法被消除的，那么就要抓住机会主动的选择（比如放弃原有环境，选择新的环境；放弃自身原有定位，发挥新的价值），改变现状。

做这一切的目的是避免再次因为这个原因被放弃，在做完这一切之后，你要理解其中的每一个人，通过这一件事对他们有足够的认知，他们在乎的是什么，是一个什么样的人，这样有利于你以后与他们接触。

最后，你要释然，就像我们在第一章提到的，人要认清自己身上不可变的部分，世人就是如此，何必让自己生活在怨恨里呢？这件事情应该就像镜子上的污水渍，看上去很大一摊，但随手就可拂去，只是让我们的心境更加明亮。

所以没必要怨恨，更没必要念念不忘，用别人的错误惩罚自己，最重要的是，作为一个正直的人，我们不应该因为别人的错误而失去爱其他人的勇气。

人类因为爱而伟大。

前段时间看过这样一篇漫画，讲的是一个防骗专家的故事，这个防骗专家非常清楚各种诈骗的套路，并且经常做公开演讲、写文章，讲述各种利用人们的贪婪、善良等诈骗的手段，他最常说的一句话，就是“收起你的善良，别让它被坏人利用了！”

在诈骗越来越盛行的年代里，防骗专家的理念开始深入人心，被大家广为认同。

但向来只有千日做贼的，没有千日防贼的，这位防骗专家终究还是着了道，在火车站等车的时候，有人在他随身带的水中下了迷药，还有一个人装作他的熟人要把他拉走，当他反应过来，用最后的意志向路人求救的时候，却发现经过他的宣传，人与人之间的关系已经冷漠到极致，再也没有人愿意向别人伸出援手。

这位防骗专家，到底是成功了还是失败了？

总结一下，当你被放弃时，首先你必须记住这件事情带给你的教训，找出你被放弃的原因，消除它。其次，从中找出能得到的一切好处（很多人沉浸在负面情绪里完全忘记了这一点），然后你要通过这件事情了解人性，更了解身边的人是什么样的人，最后释然，不要让自己的心受到这件事情的影响，也不要让自己沉浸在负面情绪里。

唯有如此，才可称得上理解了放弃的智慧，在以后的生活中无论是放弃还是被放弃都能够坦然面对。

但生活中除了要掌握放弃的智慧，能够面对放弃之外，还要明白放弃的意义，如此才能成就自己。

第三节 放弃的意义

当前的主流思想以不放弃为美，但我认为放弃其实不是一个贬义词，应该算是一个中性词，有些放弃本身意义重大，这种意义重大的放弃有可能是迷途知返，觉醒蜕变的第一步；也有可能是减少伤害，宽恕别人的善行。

有时，放弃是成为强者的第一步。

“退一步海阔天空”这句话告诉我们的不是软弱和退缩，而是每一次放弃都是为了成为强者而积蓄力量。

我们能够正视被放弃，但不意味着我们乐于被放弃，在生活中，想要完全避免被放弃是不可能的，因为总有比你更重要的东西，但是我们可以选择成为强者，从而减少被放弃的可能。

壁虎可以轻易地放弃尾巴，但绝不可能选择放弃脑袋，想要避免被放弃，唯一的办法就是不断变得更重要，更强大。

贪图安逸是一种放弃，居安思危也是一种放弃，只不过放弃的不同，得到的也不一样。居安思危放弃的是现在，而贪图安逸放弃的是未来。

有时，放弃是迷途知返的第一步，比如：

二战时中国被蔑称为“东亚病夫”，大批仁人志士通过各种方法谋求救国的方法，鲁迅先生也在其中，最初他投身医学，谋求学医救国之道。

但是当时国人的愚昧和麻木让他受到了极大的刺激，终于发现“凡是愚弱的国民，即使体格如何健全，如何茁壮，也只能做毫无意义的示众材料和看客，病死多少也不必以为不幸的”。

鲁迅发出了“学医救不了中国人”的呐喊，从此弃医从文，走上了以笔为刀，拯救国人的道路，即唤醒了大批有识之士，也成就了自己作为文学家和思想家的辉煌一生。

有时，放弃是一种自制。

这句话的意思是，有的时候不放弃是一种伤害，为什么自制会和伤害联系在一起？自制是控制自身的欲望，比如想要控制贪婪就要学会放弃，否则贪婪就会带来伤害。

这种伤害有时是针对自身的，有时是针对自己所爱的人的，面对这种情况时，及时放弃才是最大的智慧。

众所周知，猴子是很灵活的，无论是平地奔跑还是穿山过林的速度都不是人类可以企及的，相传在印第安文明没有受到殖民者的影响之前，古印第安的猎手们掌握了一种不用武器就能抓到猴子的方法。

他们会制作一个笼子，笼子本身没啥特别的，够沉够结实就行，但是笼眼的大小很有讲究，大小要恰好可以让猴子的前爪伸过去，大一点或者小一点都不行。

之后这些聪明的古印第安猎手会把一些猴子喜欢的坚果放到笼子里，然后隐藏起来，过段时间，猴子发现坚果从树上跳下来，来到笼子旁边伸手去抓坚果，这时候机关就生效了，猴子抓起坚果之后，前爪就卡在笼子里收不回来，笼子又足够沉，猴子拖不动，这时候猎手们只需要过来把猴子抓住就可以了。

很简单的陷阱，但是其实猴子想要逃走特别简单，只要松开手，放下手中的坚果，就能够轻松摆脱笼子的束缚。

但是大多数猴子显然是不能克服贪婪，选择放弃的。

如果猴子能够克服贪婪，选择放弃的话，就可以轻松挣脱陷阱，也就不会受到伤害。但是在到手的利益面前，以智慧生物自诩的人类，又比猴子聪明多少呢？

这是自己不放弃而伤害自己的情况，还有一种情况是因为互相不放弃而互相伤害的情况。

森林中有一只刺猬，它平日里喜欢在河边散步，而小河里住着一条红鲤鱼，年长日久，刺猬竟然与鲤鱼彼此倾慕。

但是它们的爱情却没有得到大家的祝福。

树长老说："在我五百年的生命中从未见过鱼和刺猬的爱情。"

狐智者说："你们一个在水里，一个在岸上，怎么能在一起呢？"

狮子王说："你们甚至不能拥抱，当你们接近的时候，鲤鱼会被刺猬刺伤的。”

……

森林里大家七嘴八舌的时候，鲤鱼躲在水里默默哭泣，刺猬一言不发地离开了。

片刻后，刺猬出现在平时散步的地方，这也是它与鲤鱼相识的地方。

刺猬沉默着，一根一根拔掉身上的刺，鲜血很快染红了河边的草地。

鲤鱼终于发现不对：“亲爱的，你在干什么？”

刺猬咬牙又拔掉身上一根刺，道：“我绝不放弃我们的爱情！”

鲤鱼哭泣道：“不，我不愿意你遭受这样的伤害！我这就去乞求河神大人！他一定有办法的。”说完一转身潜入水中。

到了河底，河神正站在那里等着鲤鱼。

鲤鱼向河神祈求道：“河神大人，我该如何才能和挚爱的刺猬在一起？”

河神摇了摇头：“孩子，请原谅我无能为力，纵有移山填海的法力也不能改变大自然的规律。”

鲤鱼掩面哭泣：“难道我们的爱情错了吗？”

河神爱怜地摸了摸鲤鱼的头：“孩子，爱永远没有错。”

“那我至少要让刺猬得到幸福，不要再伤害自己了。”鲤鱼终于擦干眼泪，抬起头问河神：“河神大人，我该怎么办？”

河神道：“唯有放弃你们的爱情，才能让它不再受到伤害，获得幸福。”

鲤鱼咬了咬唇：“我要去和刺猬见最后一面。”

河神挥了挥手：“去吧，孩子，别留下遗憾。”

鲤鱼游到岸边，只看到刺猬伏在自己的血泊里，奄奄一息。

“亲爱的，你怎么了？”

听见鲤鱼的声音，刺猬勉强睁开眼睛，挣扎道：“就快好了，马上我就可以抱你了。”

“你会死的。”鲤鱼哭道

“为了我们的爱情，我何惧一死？”刺猬挣扎着爬了起来

“够了！”这时河里浪花翻涌，河神踩着浪花出现了，一挥手，刺猬被拔掉的刺又长回刺猬身上，伤口也都不见了：“鲤鱼，你已经见过刺猬了，是时候离开了！”

鲤鱼深深地看了刺猬一眼，转身用尾巴甩出一朵漂亮的浪花，潜入水中不见了。

刺猬愤怒地质问河神：“河神大人，你为何拆散我们？”

河神指着地上未干的血迹：“地上是你的血，”又指着湍急的河水，“水里是它的泪，你还不觉悟吗？”

刺猬终于意识到它和鲤鱼的爱只能互相伤害，沉默半晌，轻轻问河神：“河神大人，爱是什么？”

一直面带悲戚的河神此时终于露出微笑：“爱就是为了对方的幸福选择放弃。”

刺猬和鲤鱼的爱情注定互相伤害，此时最深刻的爱不是互相拥抱，而是选择放弃。放弃爱情，同样也是自制的一种。

不管是猴子的贪婪还是刺猬和鲤鱼的爱，都是伤害，而避免这种伤害的最好方法就是放弃。

有时，放弃是一种宽恕。

在湖南省安化县，有一个偏远的小村子叫作高明村，村里有一个寡妇叫罗英，罗英最大的骄傲就是她在大连上大学的儿子韩湘了。

两年前，村里的乡亲们在村口敲锣打鼓地给韩湘送行，嘱咐他："好好读书，将来接你妈去城里享福。你妈一个人把你拉扯大，不容易。"两年后，乡亲们在村口含着眼泪给韩湘的母亲罗英送行，告诉她："一定不能放过那个撞湘儿的司机，他把你们这个家都给毁了！"

是的，在大连上大二的韩湘，因为车祸身亡了，而罗英此去正是为了处理后事。

从村里到县城，再从县城到长沙，最后到大连，罗英一路沿着儿子韩湘上学时曾走过的轨迹，到了大连火车站。

韩湘学校的老师、同学和肇事的公交车司机小付以及公交集团的领导都来接站。罗英拒绝了校方和肇事方安排的宾馆，说要去司机小付的家里看看。

小付已经做好了罗英去大闹一场的准备了，毕竟因为自己人家唯一的儿子没了，一个完全失去希望的人能够做出什么来谁都不敢保证。

小付一家五口人，小付的父母妻儿加上小付挤在五十多平的小房子里，几乎没有落脚的地方。

罗英到的时候，小付家里只有小付妻子在，罗英说："你们城里人住得也太挤了。"罗英话音刚落，小付的妻子眼泪就下来了："我们俩都是工人，哪买得起房子？从结婚起我们就和二老住一起，房价涨得比工资快多了，不吃不喝也买不起啊！”擦了擦眼泪，又说：“我们家那口子工资两千不到，一个月只休三天，起早贪黑开公交，每天的公里数多一点就能多赚点，从当上公交司机之后就没睡个好觉，生生熬出了神经衰弱的毛病，这么多年就没和家里人一起过个节，现在又出了这件事儿，真的是……”

罗英在小付家吃了顿饭就离开了，从头到尾，都没提一句自己儿子韩湘的事儿。

之后罗英说要去韩湘上学的地方看看，她让韩湘的同学领着她把学校里有过韩湘足迹的地方都走了个遍。

韩湘的学校领导告诉罗英，校方已经组织了一个律师团，一方面要严惩肇事司机，另一方面尽可能多地获得经济赔偿。

罗英没关注律师团的事，只是找到了韩湘的老师：“湘儿给你们添麻烦了。我还得继续添个麻烦，帮我把湘儿的尸体早些火化了。再派一个和湘儿关系最好的同学，领着我和湘儿把大连好玩的、他没去过的地方都转转。其余的事，我自己来解决，不能再给你们学校添麻烦了，也不能再让孩子们为湘儿耽误学习了。”

随后用了一天的时间，罗英带着韩湘的骨灰走遍了滨海路、金石滩和旅顺口。一路上韩湘的同学哭得上气不接下气，眼睛都肿了，罗英却强忍着没掉一滴眼泪，有同学劝道：“阿姨，想哭就哭出来吧，哭出来会好受一点。”罗英却说：“湘儿在看着呢，孩子看着母亲哭，心得多痛……”

第二天，罗英去了公交集团，为了担心激化矛盾，集团没敢让小付露面，几个集团领导带着律师将准备好的赔偿款装在一个信封里，递给罗英。罗英根本没有接，只对集团领导说了两个请求，第一个，希望他们别处分肇事的小付；第二个，请求他们将一个治疗神经衰弱的偏方转交给小付。

罗英回去时只比来时多拿了一件东西，就是韩湘的骨灰。

罗英走后，公交集团出资，准备了整整两卡车的米面油送到了罗英住的高明村，到了目的地，公交集团的人都被惊呆了，破败的房屋，贫苦的村民，孩子们甚至连火腿肠都没见过，罗英家的房子更是摇摇欲坠。

罗英得知他们的来意之后，带着他们在村里挨家挨户地送粮食和油，一边说："你们看我说过吧，这些人心眼都很好的。"

公交集团一行十五人深受感动，走的时候，除了身上的路费把所有的钱都留下了。

此后数年，一直有知情的大连人陆陆续续地赶往高明村，去为村里做着力所能及的事情。

对于一位住在农村的寡妇来说，上大学的儿子是她最大的骄傲和希望，在悲剧发生之后，她也有机会讨回一个"公道"，同时还有一笔丰厚的收益。

但她放弃了。

正是因为这伟大的放弃，让一个本该悲剧走向的故事，有了一个出人意料的结局。她的放弃挽救了很多人，既挽救了别人也挽救了自己的村子，挽救了自己。

正如孔子曾说的那样："其恕乎，己所不欲勿施于人！"唯有宽恕是值得我们终身奉行的准则。有些时候，咄咄逼人，以眼还眼并不能给自己和别人带来幸福，而宽恕可以，宽恕的第一步，正是放弃仇恨与愤怒。

这一节的名字叫作“放弃的意义”，放弃可以是智慧，可以是宽恕，可以让人走向强大，也可以改变自己和别人的命运。

而放弃本身需要足够的勇气，无论是舍弃潜心研究数年的医学之路，还是舍弃春风得意的主持事业，无论是放下到手的利益，还是舍弃刻骨的爱情，甚至是放下仇恨，选择宽恕，都需要莫大的勇气，而这种勇气的来源不应该是闭上双眼往前冲的鲁莽，而是通过认识自己和认识世界之后得到的深邃智慧——“谁离开谁都不会死”。

首先我可以放弃，然后我才有资格选择放弃。

但是每个人都要明白，可以放弃不代表胡乱放弃，不管是选择坚持还是放弃，是做出抉择还是按兵不动，唯一的原则就是：怎么样才能更幸福。

第三部分 选择不变，追求幸福

幸福是什么？

对于幸福，不同的人有不同的定义，猫的幸福是小鱼，狗的幸福是肉骨头，人的幸福则更加复杂，感性的人追求情感上的满足，理性的人追求精神的完美，一个组织的幸福定义则更加复杂，对于一家企业来说，幸福就是生产力的扩大和盈利的增加，而对于一个国家来说，人民富足、国家强大就是幸福。

就算是同样的人，站在不同的角度对幸福也会有不同的定义。比如站在一个职场人的角度，事业有成就是幸福，而作为婚姻的一方，幸福就是这桩婚姻能够成就更好的自己。这种定位的不同不仅仅是体现在角色上（也就是空间上），在时间上也是如此，当你十岁的时候，数着自己的一罐子玻璃球就是幸福，而当你二十五岁的时候，给你一屋子玻璃球也不会让你生出半点幸福感。

除此之外，单纯从幸福的角度来说，幸福还有大小长短之分，所以，幸福是什么，其实挺难定义的。

也许我们不能找到幸福最准确的定义，但是幸福的本质却是毋庸置疑的——幸福就是简单地满足。

第七章 选择幸福的人

一加一等于几？

这个问题很经典，千百年来也引发了无数人的思考。

在团队的组建上，这个问题也非常重要。因为一加一可能大于二，可能等于二，也可能小于二。

首先我们组建团队的时候，一定会选择大于二的，但是大于二和大于二也不一样，因为大于二有时可能是二点一，有时可能是一百万，这就涉及一个问题，谁和谁在一起会更好！

其实不仅是组建团队，组建家庭，组建集体都是如此，人和人之间的联合必须考虑这个问题。

人与人之间的联合一般会有一个主导（有时是多个主导），但你不能指望主导者是无所不知的上帝安排一切的事务，每个人都知道自己是什么样的，有何长处，有何短处，但很难知道别人是什么样的，我们不能寄希望有一个火眼金睛的主导者在组建团队时正好发现你是最适合的，实际上大多数人都要学会毛遂自荐，找到自己最适合的团队，最适合的位置，然后把自己当成一枚楔子，严丝合缝地楔进去。有时候找到的位置不那么严丝合缝，我们还要尝试打磨一下自己（注意，这种打磨并非对自己“属性”加以改变，只是在与别人相处的方式上做出更好的选择）。

在生活中，每个人都需要找到合适的位置，而这种寻找的过程最重要的参考依据还是人。

第一节 更幸福的选择

关于人和人相处和接触的话题，在之前的内容中我们已经讨论过了，接下来我们要涉及的内容就需要建立在前面已经讨论过的这部分内容的基础上。

在前文的讨论中，我们的侧重点是如何与人相处，得到的是与所有人相处的方法，当时重点讲解的是如何消除人与人之间的排斥和对抗，关于如何与别人进行配合的内容只是一笔带过。

而在日常的生活中，我们不仅要与大家相处得愉快，更需要通过与别人配合来取得成就，与所有人都能相处只能减轻你在工作和生活中的阻力，而能够与别人配合才是工作和生活前进的动力。

所以接下来的内容，我们来研究如何寻找最适合自己的配合者，简单来说，前文中我们研究的是被动式的人际关系中遇到的问题，现在是主动出击，通过选择来让自己与别人的相处成为前进的动力，也就是“和谁相处”的问题。

首先，你要明白的是，“和谁相处”这个问题本质上是一种选择，而这种选择只有一个目的——那就是更加幸福。

想要找到能够让自己更加幸福的选项，就需要对自己选择的结果做出判断，比如在“和谁相处”这个问题上，如何选择和自己最相得益彰的配合者就是一个很重要的问题。前文中提到，选择就意味着失去，因为选择本身就是一种得到。

所以在工作和生活中做出选择的过程类似于学生时代做试卷上的选择题，现在回忆你的学生时代，想象你面前是一张试卷，卷子上是一道选择题，那么在做这道选择题之前，你首先要做的是什么？

答：读。

读什么呢？读题干，读选项。

读是为了什么呢？读是为了理解。

你能够解答一道选择题的前提是你能够读懂题干和选项，如果你连题干和选项都不懂，那你只能依靠“多选 C 少选 B，隔三岔五选 AD”的口诀来试着答完这张试卷了。

生活中的选择也是一样，在做出选择之前你一定要知道每一个选项所代表的含义是什么，它能够让你得到什么。

如果选择一个和自己性格相近的人，那么你会得到欢乐，因为你们志趣相投；如果你选择一个和自己能够互补的人，那么你能够得到提高，因为互补的过程实际上就是提高的过程；如果你选择一个让你排斥的人，那么你会变得强大，因为独行者必须不断成长；如果你选择一个和自己对抗的人，那么你必将在胜利或者死亡中选择一个（死亡并不代表生理上的死亡，还有可能是某种生涯的消亡，比如政治生命或者在某家企业内的工作过程）。

同性相吸、两性互补、同性相斥、两性对抗，这是之前我们提到过的个体之间接触的四种结果，前文中只是简单地阐述了个体之间接触后四种可能结果的处理方法。

但实际上想要在生活中能够在与人相处的时候更幸福，还是要结合人的性格特点来深入分析。

在第三章第一节中我们使用了原初归纳法将人进行分类，并且归纳了人的四种性格特点，在学习原初归纳法的时候，我们提到可以反过来用原初归纳法来印证人的四种性格特质。

比如在研究人的性格分类之前，我曾经有一段时间专门研究自然界中动植物身上的特点，后来当我研究人的性格分类并成功根据原初归纳法将人的性格分成四种之后，我发现两者之间竟有不少共通之处，其中最明显的一点就是根据从自然界中获取能量的方式进行分类，可以把地球上已知的生物分成四种：光合作用植物、食草动物、食肉动物和杂食性动物（猪笼草之类的特殊情况不予考虑），而这四种动物分别具有不同的特性，这些特性恰好对应了四种人的性格特征。

如表 7-1-1 所示：

表7-1-1

自然界中四种生物特质与人类的四种性格对应关系表				
阴阳有无	阳无	阴有	阳有	阴无
感性 & 理性	感性	理性	同时具备感性和理性的特征	既不感性也不理性
在乎的	心情	逻辑	现实	什么都不在乎
常见行为	言语派	思考派	行动派	观察派
代表元素	火	水	土	气
根据能量获取方式在自然界中的定位	食草动物	食肉动物	杂食动物	光合植物
四象人格	第一象限性格	第二象限性格	第三象限性格	第四象限性格

当然，表格上能够展现的内容有限，这张表格的主要作用也是为了方便大家在阅读时能够对照第三章中关于性格的

研究成果，所以对自然界中四种生物的特质并没有涉及，下面让我们详细地分析一下，自然界中这四种生物的特质。

1.光合植物

提到光合植物，最具有代表性的就是草，当然，花和树也属于此类，那么光合植物有哪些共同的特点呢？

首先，坚韧，能够适应各种恶劣的环境，抗压能力最强，生命力旺盛，即使是死去也是逐渐死去，不会像动物一样瞬间死亡。

其次，无忧无虑，不管是面对践踏还是被食草动物吃掉，都不会有怨恨，不管是生在石缝里，还是生在沙土地都会努力生长。

最后，不引人注目，大多数时候，光合植物都会充当背景或者被视为环境的一部分，很少会引人注意。

而光合植物对应的是四象人格划分中的第四象限性格，这种性格的特点是无忧无虑，什么都不在乎，无视问题，更多的时候喜欢观察，不想着解决问题，永远都不会紧张，拥有强大的环境适应能力和抗压能力，这种人最喜欢的往往是“素”，所以通常也不会引人注意。这种人是那种失火之后保持观望的人。

2.食草动物

食草动物是光合植物的克星，其中具有代表性的应该是牛、羊、马之类，它们的特点如下：

首先，善于发现，但是不善于思考，因为食草动物经常要寻找更好吃的草，而草是不会动的，所以食草性动物经常能够发现哪里的草比较好吃，但食草动物从来不会想，为什么这里的草会比较好吃。

其次，特别合群，食草动物平时的行为模式就是跟着大家走，大家去哪我去哪，很少落单。

最后，食草动物都比较活泼，喜欢发出声音，而且吃饱了之后会蹦蹦跳跳。

食草动物对应的是四象限人格中的第一象限性格，这种性格的特点是非常感性，喜欢表达，擅长表演，热爱交际，外向，喜欢热闹，喜欢往人多的地方凑，喜欢遇事先出声，很擅长发现问题，但是却不擅长思考对策，这种人就是那种发生火灾之后到处喊“失火啦，失火啦”的人。

3.食肉动物

正如食草动物克制光合植物一样，食肉动物是食草动物的克星，其中具有代表性的应该是老虎、鹰和鳄鱼之类，食肉动物的共同特点是：

首先，逻辑性强，食肉动物的行为一般会比较有逻辑性，食草动物吃饱了会闲逛，要么就是蹦蹦跳跳，很少静止不动，而食肉动物除非战斗或捕食，其他时候都会处于一种内敛的状态，也就是所谓的“虎行如病，鹰立如睡”，鳄鱼平时也会像浮木一样飘在水中或趴在岸边一动不动。

其次，有原则，肉食性动物会很有原则，比如老虎，哪怕再饿，被别人动过的食物都是不会吃的，其他的肉食性动物也有类似的原则。

食肉动物对应的是四象限人格中的第二象限性格，这种性格的特点是特别理性，做事逻辑性强，擅长思考问题，找到原因，特别坚持原则，不善变通。这种人就是那种发生火灾之后会首先思考失火原因的人。

4.杂食动物

杂食动物什么都吃，代表性的有猴子、老鼠和猪之类，它们的共同特点是：

首先，聪明，在自然界中，杂食性动物往往拥有比较杰出的智慧，具体地体现就是，他们擅长解决问题，排除掉同样属于杂食动物的人类，灵长类中的猴子，啮齿类中的老鼠和哺乳类中的猪都属于杂食性动物，这三种动物都非常善于解决问题，比如猴子一直都是“聪明动物”的象征，甚至能够学会使用工具来解决问题，用石头砸碎坚果的外壳什么的都是小儿科，据说峨眉山的猴子甚至会使用声东击西的计策抢走游客手中的食物（或者是引起它们兴趣的一切）；而老鼠作为“四害”之一，在寻找食物和逃避危险等生存的智慧上造诣非凡，上灯台偷油的“事迹”口口相传，只要有人的地方，就难以灭绝他们的身影；最后哪怕是被视为愚蠢和迟钝象征的猪也被证明是所有动物中最聪明的之一，野猪会在泥地里打滚来给自己披上一层坚甲，一方面解决自身外皮防御力不足的问题，另一方面摆脱蚊虫困扰，甚至在面对毒气的时候，野猪会把嘴巴拱进土里，借助土壤来过滤毒气。

其次，实用主义，与食肉动物相比，在自然界中杂食性动物的“节操”就比较少一些，不仅什么都吃，很多时候为了生存什么都干。

杂食动物在四象限人格划分中对应的是第三象限人格，这种人格的特点是行动派，遇事习惯先行动，擅长解决问题，但是只考虑对策不考虑成因，勇于挑战，不肯认错，有控制欲。这种人就是那种发生火灾之后第一时间去灭火的人。

世界的美丽是因为整个生态系统的协调而不是某种生物足够完美，而生态系统的特点就是每个组成部分都是不可或缺的，一旦某个环节缺失，很有可能会造成整个系统的崩溃。

在生活中，我们身边也会出现各种各样性格的人，他们都是构成人类社会的重要组成部分，就如各种物种之于生态系统一样，如果某一种性格的人在人类社会中消失了，很可能会造成整个系统的巨变甚至崩溃，再小一些，在我们身边的“圈子”中，这四种性格的人也都必不可少，一旦缺失，就会造成各种各样的问题。

第二节 选择配合者的依据

前文中提到，解决“和谁相处”这个问题的关键是你要知道自己想要什么。

简单来说，就是根据你想要的目的（或者结果）来选择配合的人。

而这一过程就需要用上一节中阐述的自然界中生物的特性来代表这四种性格的人，结合人与人接触的四种结果来进行。

如何选择配合者取决于你现在想要得到什么，而不是哪些人最合适，因为并没有最合适的概念，与不同的人相处能够得到不同的结果，同时与不同的人相处要用不同的方法，选择不同的人作为自己的配合者，需要放弃的东西（大小、多少、时间长短以及种类等）也不一样，那么你究竟想要什么呢？

生存、生活、健康、财富、事业……人们的烦恼总是一样的，在生活中面临的问题也是一样的，这也就决定了每一个人想要的东西总是大同小异，无论是衣食住行之为温饱，还是酒色财气之为尝欲，抑或是家国天下之为展志，甚至无欲无求之为心适……人们所追求的事物，不管是物质的还是精神的大抵都脱不出这几种类型。

而想要达成这些目的就需要慎重地选择配合者，在前文中我们只研究了四种性格的人的性格特点，但是这些特点在生活中具体的表现，生存能力与生活能力如何，对生活品质的要求，哪种性格的人较多，哪种性格的人较少，这些都不是性格特质中能够体现出来的，这也是在上一章中我们专门研究四种性格的人与自然界中四种生物共通性的原因所在。

这种共通性对我们在实际生活中选择配合者，以及如何与配合者相处都具有非常重大的意义。接下来我们就要根据这种共通性来分析这四种性格的人在生活中的具体表现。

1.生存能力

生存能力是指对恶劣环境和压力的适应能力，这种能力体现在职场中，生存能力强一些的人更能抗压也更稳定，而体现在生活中，就是生存能力强的人更不容易放弃，也更不容易产生心理问题（大多数自杀和自我放弃都是从心理问题开始的）。

首先是生存能力，在自然界的四种生物中，生存能力最强的是光合植物，对环境的依赖最少（虽然叫作光合植物，但是没光的地方比如地底洞穴也不是没有植物，缺水的地方，比如沙漠或者旱地，植物也能顽强生存下去），不会移动也很少有什么动作（虽然这是大多数植物的共性，但自然界总有例外，在美国东部和西部地区有一种苏醒树，一旦环境缺水，它就会把根从土壤里抽出来，然后把自己卷成一个球，等风把自己吹到有水的地方重新扎根；在我国东北有一种风滚草也有类似的习性；沙漠中还有一部分仙人掌也可以凭借根部的特殊构造主动迁徙），对资源的要求最少，生命力顽强，对其他生命的依赖最少，动物离群之后会很容易死去，但花盆中单独的植物却大都能活得好好的。

这一点与第四象限性格的人相似，这种人对问题不关注，所以问题带来的压力、焦虑对这种人来说是根本不存在的，所以无忧无虑就是他们的常态。他们的抗压能力最强，不管遭遇到什么，他们都不会自暴自弃，总是默默生长，默默坚持。而且这种人的稳定性也最好，他们很少会考虑离开熟悉的环境，也不会很依赖别人，总之孤独也好，压力也好都不会打垮这种性格的人。并且这种性格的人身上的稳定性还有一种体现（这一点是这种性格的人独有的），就是一件事情就算真的坚持不下去，这种人也会坚持到最后，而很少会中途放弃，这就好像自然界中的植物死亡都会有一个渐渐枯萎的过程，不到真的枯死都会努力生长，而这种性质在动物身上是很少见的。

杂食动物的生存能力仅次于光合植物，杂食动物具有相当强的环境适应性，荤素皆可的食性和专注于生存的智慧让杂食动物对环境和生物链上其他生物的依赖性都不是很强（这种依赖性不强指的是对生态系统中的单一生物依赖性不强，不是指对整个系统的依赖性不强），毕竟没有肉可以吃素，更多的选择代表着更强的适应性，当某一种食物来源断绝之后不会造成巨大的影响，而且杂食性动物一般比较聪明，而且它们会把智慧用在解决生存的问题上，所以生存能力是比较强的。

与杂食动物性质相似的是第三象限性格，这种性格的人往往是实用主义者，他们往往是行动派，更倾向于解决问题，但其他方面的考量就会比较少，在这方面最典型的就是路易十五的经典名言："我死后哪管洪水滔天"，这不代表着这种人没有远见，而是说这种性格的人更在乎解决问题，至于解决问题的方法、过程、代价等考量就会比较少，或者说更倾向于结果主义，往往有为达目的不择手段，因为擅长解决问题，所以对抗恶劣环境和压力的能力就比较强，同样因为擅长解决问题，所以对其他个体的依赖性就不会很强，所以具有较强的生存能力。

相比而言，食草动物作为单一食性者生存能力就比较弱，它们对环境的依赖比较强，会比光合植物更容易受到环境变化的影响，所以我们可以看到很多食草动物都是有迁徙的习性，当季节变迁，气候变化，环境不适合生存就会周期性地进行迁徙，寻找适宜生存的环境，它们比光合植物强一些的地方就是会主动寻找适合生存的环境，但是因为对资源的需求和环境的依赖比光合植物要强得多，所以生存能力也相差不止一个级别，举一个简单的例子，恐龙的时代早已终结，食草性的恐龙只剩下大到让人惊叹的骸骨，但仍有一些植物从那个时代一直延续到现在，比如银杏（最早出现于 3.45 亿年前的石炭纪），比如珙桐（最早出现于一千万年前的新生代第三纪），除此之外，还有杂食性的中华鲟（最早出现在 1.4 亿年前的中生代末期上白垩纪），但食草动物却很难从那个时代延续下来，况且冰河世纪之后首先崛起的是哺乳动物，而哺乳动物中有很多类别都是杂食动物。也就是说，光合植物能够扛过物种大灭绝，杂食性动物更容易在物种灭绝后迅速崛起，这足以说明食草动物的生存能力与前两者相比处于弱势。

食草动物与第一象限性格的相似度非常高，这种性格的人善于发现问题，但不善于解决问题，外向的性格和多变的心性让他们更能承受压力，但这种人特别感性，非常敏感，也在乎心情，对于他们来说只要人对了，事情对不对根本不重要，情感的重要性远胜于逻辑和现实，所以对于他人和环境的依赖都比较强，虽然具备一些灵活性，但是总体来看，生存能力只能说比较弱。

生存能力最差的就是食肉动物了，作为食物链中的高端存在，食肉动物对于食物链的依赖性非常强，一般来说，整个食物链的崩溃通常都是从食肉动物开始的，因为食肉动物会比较挑剔，对于食物和环境都是如此，虽然具有强大的战斗能力，但这并不能拯救食肉动物差劲的生存能力，除此之外，食肉动物中也有比较聪明的，但它们的智慧通常被用来捕猎或者寻找猎物，用在生存上的少之又少，所以食肉动物成为生存能力最差的一种生物也就不足为奇了。

与食肉动物性质相似的是第二象限性格，这种性格的人属于思考派，逻辑性强，人很理性，也很有坚持，这就造成了他们很挑剔，想让这种人发挥价值，一个合适的环境和身边合适的人都很重要，并且逻辑性强还不肯变通就容易钻牛角尖，很多在第四象限性格和第一象限性格的人看来完全不用在意的事情，可能就会让第二象限性格的人受到很大影响。

就拿我身边的人来说，我身边同一个部门有两个员工，员工 A 就是明显的第一象限性格，每天蹦蹦跳跳的，特别喜欢开玩笑，而员工 B 就是第二象限性格，逻辑严谨，一丝不苟，他们俩的日常就是 A 到处去开玩笑，而 B 觉得 A 的行为有损部门形象，就把 A 拉过来沟通，B 义愤填膺，气得不行，A 一脸无辜，不知道自己做错了啥。

所以这种性格的人生存能力是最差的。

2.存在数量

存在数量是指四种性格的人在人群中出现的概率，通俗来说，也就是人群中哪种性格的人多，哪种性格的人少。

这个很简单，甚至不需要对四种性格进行逐一地分析，四种性格的人在人群中的多少应该与他们的生存能力成正比。这很好理解，根据大自然的进化规律，生存能力越强，对其他物种依赖越少的物种自然数量就多，生存能力越弱对其他物种依赖越大的物种数量自然就稀少。

所以四种性格在人群中出现的概率从大到小依次是第四象限性格，第三象限性格，第一象限性格，第二象限性格。

在自然界中四种生物的数量也是如此，光合植物数量最多，对环境适应性最好的杂食动物数量第二多，其次是食草动物，居于食物链顶层的食肉动物数量最少。

3.生活能力

这里的生活能力并不是指生活自理的能力，而是在保证生存的前提下，对于精神方面的追求，具体来说就是对于生活精致程度的要求，过得精彩的能力，比如追求浪漫，喜欢情怀，最近网上经常有人说要做精致的女孩（男孩），差不多就是这个概念。

这种能力对于团队来说其实相当重要，在宣传、广告、团建等方面都有重大的意义，对于个人来说也有重要的情绪调节作用。

在生活能力方面，最强的要数食草动物了，这是一种非常会自娱自乐的生物，与之相似的第一象限性格的人也是如此，他们最会自娱自乐，具有浪漫情怀，也喜欢享受生活，他们喜欢交流，喜欢被关注，这种交流不仅仅表现在说话上，他们在唱歌跳舞等与艺术相关的方面会比较擅长，外向热情的性格特点让他们更加容易和别人接触，也更加容易融入集体，这就像是镌刻在他们灵魂上的本能，无须刻意，就可以达到别人再三努力都难以达到的效果，所以不管是自己一个人的生活能力还是在集体中的生活能力，第一象限人格都是无可争议的最强。

在这方面第二强的是“食肉动物”性格的人，因为他们足够挑剔，对食物，对环境都是如此，与其相似的第二象限性格的人也比较擅长享受生活，他们总是非常有品位（这源于他们性格中的挑剔和对底线的坚持），但是与第一象限性格的人不同的是，他们的这种享受生活方式具有排他性，他们只在乎自己玩得爽，并不在乎别人，而第一象限性格的人则会更加倾向于让自己和身边的人都开心。

杂食动物是坚定的实用主义者，他们只有在享受生活的时候这么做，与之相似的是第三象限性格，这种人是否选择享受生活取决于需要感，觉得需要浪漫了才会追求浪漫，觉得需要情怀了才会寻找情怀，比如第一象限性格的人会随时随地地追求浪漫，经常给爱人制造惊喜（当然有时是惊吓），而第三象限性格的人就不太可能在情人节之外的时候为爱人准备玫瑰，所以第三象限性格的人生活能力比较弱。

生活能力最差的就是与光合植物特性相似的第四象限性格了，这种性格的人对于浪漫、情怀这些秉持着无所谓的态度，有也行，没有也行，这种性格的人就像草一样“没有花香，没有树高”，既不喜欢引人注目，也不喜欢享受生活，他们最喜欢的是“素”，鲜花之类花哨的玩意儿都不是他们的菜，所以理所当然地成了生活能力最差的那一类人。

4.挑剔程度

之所以把这一条单独列出来，是因为我们和别人相处的时候关系不一定是平级，有可能是上下级关系，如果我们是上级那自然一切好说，但可惜的是对于大多数人来说，往往自身都是处于下级的位置，那么就需要明白不同类型的领导有什么样的特点（或者说，要清楚什么样的领导好交流，什么样的领导不好交流，这一规律同样适用于对待长辈）。

四种性格的挑剔程度与他们的生活能力成正比，这很好理解，生活能力越强的人对于享受生活追求就越多，那么自然要求就多，挑剔也就更多。

所以挑剔程度最高的并不是性格中就有挑剔因素的第二象限性格，因为这种性格的人再挑剔，他的要求都是固定的，但是第一象限性格的人的要求会随着心情随机变化，这就很可怕了，如果你不能准确地把握住他的想法的话，想要讨他欢心几乎是不可能的。

第三象限人格在挑剔程度上排第三，因为他们像杂食性动物一样可以接受多种选择，他只在乎结果，过程并不重要，所以对于这种性格的领导或者长辈会比较好满足，只要达到结果他们并不会特别在意过程。

很幸运的是，在生活中挑剔程度最低的是人群中数量最多的第四象限性格的人，这种性格的人几乎是不会挑剔的，因为他们对于享受生活完全没有要求，相比于第三象限性格的人只在乎结果，这种性格的人连结果都不在乎，自然是特别好满足。

而不幸的是，在生活中作为管理者的人中属于另外三种性格的比较多。

至此我们列举了四种性格的人在生活中体现出的四种性质的程度，分别是生存能力、存在数量、生活能力、挑剔程度，其中生存能力与存在数量成正比，生活能力与挑剔程度成正比，除此之外，四种性格之间还存在着一种克制关系。

5.克制关系

四种性格的人之间的这种克制关系有点类似于自然界中各物种在食物链中的位置，比如说，在自然界中，食肉动物克制食草动物，而食草动物克制光合植物，杂食性动物与其他三种生物之间的克制关系比较复杂。

因为杂食性动物什么都吃，所以它既克制食肉动物也克制食草动物，还克制光合植物，但是在自然界中，杂食性动物本身也在食肉动物的捕猎范围之内，所以杂食性动物克制食草动物和光合植物，但同时杂食与食肉之间犹如水火，互相克制，谁弱谁就被克制。

四种性格的人之间的克制关系也是如此，第二象限性格的人克制第一象限性格的人，因为第二象限性格的人逻辑性强，所有总能轻易抓住第一象限性格的人的脚痛；而第一象限性格的人克制第四象限性格的人，因为第一象限性格的人比较活跃，很容易就让第四象限性格这种没什么主见的人跟着自己的节奏走，而第二象限性格的人虽然能够克制第一象限性格的人，但拿第四象限性格的人没什么办法，因为你讲逻辑，他不在乎，讲道理，他也不在乎，所以两者之间谁也克制不了谁；第三象限性格的人与其他几种性格的克制关系很复杂，首先他既理性又感性，这就很克制感性的第一象限性格，并且这种性格的人一般比较强势，克制比较软弱的第四象限性格，同时他既克制纯理性的第二象限性格，也受到第二象限性格的克制，第二象限性格的人具有强大的逻辑性，而第三象限性格的人具有强大的行动力，一个是冲锋陷阵型的猛将，一个是稳坐中军型的智将，都非常具有领导力，所以两者之间的碰撞，谁弱谁就受到克制。

宇宙万物的神奇之处就是如此，卤水点豆腐，一物降一物，毒蛇出没之处十步之内必有解毒的草药，没有什么事物是无敌的。

明白了这种性格上的克制关系，你就能够更好地处理人与人之间的关系，你知道什么样性格的人需要哪一种性格来对付，你也知道每一种性格的人在生活中会有哪些表现和品质，各种性质之间程度如何。

如此，你就能够结合自己的目的，选择最适合的配合者，那么“和谁相处”的问题也就迎刃而解了。

前文中提到人的追求无非有四种：衣食住行之为温饱，酒色财气之为尝欲，家国天下之为展志，无欲无求之为心适……

举个例子，如果你想要在事业上有所成就，这个目的是展志（即实现自身价值），那么你应该选择能够让你提高的配合者，第三章中提到人与人接触的四种结果，其中互相提高的是“两性互补”，这就是你想要的结果。

想要引导现实走向这个结果，那么你需要首先知道你自己是哪种性格，比如你是第一象限性格，那么想要引导这种结果，就不能选择同样第一象限性格的人作为配合者；

其次，你要知道剩下三种性格的特质，这一点前文中我们已经给出足够的研究结果了。

接下来，你需要知道自己要提高的方面，然后结合其余三种性格的特质，找到最适合的性格。

最后一步，就是让自己和对方“相吸”，这就需要主动地了解和接触，以及排除可能引起冲突的因素，具体的方法在第三章中也有详细的说明。

沿着这个思路，根据你的目的解决“和谁相处”的问题，并不困难，就怕一个人连自己想要得到什么都不知道，那无论和谁在一起，都不可能让他得到幸福。

第三节 处理关系时常见的误区

这一部分内容是很多人在生活中处理人与人之间的对抗关系时容易犯下的错误，这种错误往往会导致相当严重的结果，所以我专门占用一些篇幅来强调一下这部分内容。

第三章中提到，个体之间的接触会造成四种结果，同样性格的人之间如果相互吸引则会相处愉快，不同性格的人之间如果相互吸引则会互相提高，同样性格的人之间如果相互排斥则会使双方都变得强大，而如果不同性格的人之间相互排斥则会造成严重的对抗，只可能得到胜利或者“死亡”两种结果。

第三章中对于对抗的情况没有做详细的说明，因为当时讨论的重点并不在此，那么现在我们来填补这一空白。

前段时间一个公司的老总约我在一家茶馆谈生意，闲聊的时候他提到发生在他们公司的一件事情：

大概半年以前，一批求职者来他们公司应聘人力经理，最终只有两个人留了下来，这两个人一个姓李，一个姓费，这位老总本人也参与了这一批求职者的面试和后续的考核，所以对这两人印象深刻。

这两个员工入职后表现都还不错，三个月之后，他们公司人事部建制扩大，按照惯例，需要设立一个副主管来辅助管理工作。

因为那一段时间入职的新人比较多，本着鼓励新人的原则，所以他特别提拔了那位费姓员工。费姓员工大喜过望，感恩戴德，以百倍的热情投入工作之中。

这位老总本以为人事部很快就要增加一名骨干了，谁知费姓员工出任副主管半个月之后居然找到人事部总监提出离职！

离职原因竟然是因为那位李姓员工，原来自从费姓员工升职之后，和他同一批次入职的李姓员工每次见到他就开始当着大家的面说一些酸话“哟，费大主管又来视察工作啦”，他也理解李姓员工的失落，所以每次都笑笑不说话，谁知李姓员工愈演愈烈，每次都当着大家的面明里暗里冷嘲热讽，连带着其他员工都开始背地里对他议论纷纷，每次他负责的工作都被有意无意地抵触，他觉得自己的工作已经完全不能正常地进行下去了，这才提出了离职。

像这位老总公司的这个例子，费姓员工和李姓员工就是处于这种对抗的关系，费姓员工在这位老总的公司本有大好的前程，就是因为没有处理好这种对抗的关系，而提前结束了这份工作。

刚刚我们已经强调过，这种对抗关系的结果，只有胜利或者“死亡”，这种对抗关系在没有形成之前可以预防，在结束对抗之后也可以缓解和消除，但是在对抗期间，必须以至少一方的“死亡”为终结（在这个案例中实际上对抗的结果就是双方都“死亡”了，费姓员工被李姓员工联合其他员工排挤离职，而李姓员工作为嫉贤妒能的不安定因素，也被那位老总开除了），所以在处理对抗关系时没有中间地带，你只有迎战这一个选项，因为如果你选择忍让，那么你这次的忍耐上限就是下次的忍耐下限，这也是校园暴力频频发生的原因。

在对抗的情况下，人都是得寸进尺的，后退不能缓和矛盾，只有击败另一方或者被另一方击败才有机会缓和矛盾，但如果作为失败方，主动权就不在自己手中了。

像案例中的费姓员工就属于错误地应对这种对抗关系，最终养虎为患，失去了这份工作，也许李姓员工最初也没想过联合其他员工把费姓员工排挤走，最初也许只是表达一下自己的羡慕和嫉妒，甚至带有玩笑的意思，但是随着费姓员工不断退让，一旦突破了界限，那么玩笑就会变成暴力。

费姓员工最大的错误就是不明白在处理对抗关系的时候不能后退！

这件事情的正确处理方法是在李姓员工第一次说酸话的时候就怼回去。

当然，为了防止有些职场新人或者不善言辞的读者在具体的实施上吃亏，关于怼回去的方法，我这里也可以提供一些思路：

当面对这种言语上的对抗的时候怼回去的方法有两种，一种是以正经破不正经。

像故事中的李姓员工那些酸话，明显不是工作时间应该说的，也不是一个员工应该对主管说的，所以这是不正经的，那么怼回去，只要用正经的话就可以了。

比如：

“哟，费大主管又来视察工作啦？”

“还是你们好啊，我这边都忙得脚不沾地了，你们几个还有工夫闲聊，效率真高。”

这么说的话，李姓员工或许会哑口无言，也可能会强词夺理，但无论如何其他员工绝不会选择和他抱团。

你看，问题一次性解决了，如果费姓员工当时这么说的话，以后的一系列事情都不会发生，他还会安安稳稳地当他的人事部副主管，事业上升，前程似锦。

第二种怼回去的方法是降维打击，降维打击的概念源自刘慈欣的小说《三体》，小说中外星人就对地球发动了降维打击，将地球从三次元变成了二次元。

在与人的言语对抗中也可以采取类似的思路，比如：

有一次我回老家省亲的时候，见到了一位远房表弟的七岁儿子，叫淙淙，长得非常可爱，大家都喜欢逗他。

一位三十许的妇人就拉着淙淙的手问他：“淙淙啊，你爸爸妈妈平时在家会不会吵架啊？”

我们都等着淙淙的回答，谁知淙淙把小脸一板：“阿姨，作为一个大人，您怎么能问出这么幼稚的问题呢？你难道不知道这会破坏家庭和睦，在我幼小的心灵上造成创伤吗？”

这话脆生生的一落地，妇人臊得满脸通红，在周围人的议论声中仓皇离去。

虽然这个案例中的淙淙和妇人不属于相互对抗的情况，但淙淙用的方法就是典型的降维打击，让自己处于比别人更高的地方，从制高点（一般是道德角度）击败对手。

有的时候，别人提出的问题是很尖锐的，比如这个案例中妇人问淙淙的话，正常来说，怎么回答都是错，所以淙淙直接跳出问题，一个降维打击让妇人无地自容。

实际上很多时候我们需要用这种降维打击来解决问题，尤其是面对一些很难回答的并且还带有敌意的问题时。

我的一位员工曾经和我提起过他的一个故事：

这位员工姓许，大学的时候他没有加入社团，而是加入了学生会，大三那年，学生会原来的主席毕业了，需要在几位部长之间选举一个新主席，而他恰好是候选人之一。

在他的学校，学生会主席这一职位还是挺有价值的，在奖学金，入党资格等方面都有优势，而且就任学生会主席一职在履历上也是光辉的一笔，对将来找工作也有帮助。

所以竞争非常激烈，各种手段层出不穷。

最终竞选的时候，只剩包括他在内的两个候选者，在投票之前的演讲上，他讲到一半时，下面另一个竞选者的死党大声喊道：

“他的人品有问题，他经常翘课去网吧，怎么能当学生会主席？”

这个问题就很难反驳，大学时候谁还不叛逆一下？逃课泡网吧是有的，经常自然是谈不上，但是这个问题是说不清的，别人看见一次，自然就认为你有一百次，偏偏他的那位竞争对手是从来不去网吧的。

他灵机一动，没有理会那位喊话的同学，而是故意停了一下，然后问台下:“抱歉，我刚才讲到哪了？”

这种演讲自然是没人认真听的，台下无人应答，于是他自顾自地说:“很遗憾因为这位同学打断了我的思路，那我只能重新来一遍了。”

于是他就从头开始自己的竞选演讲，台下的同学本来就听得不耐烦，现在还要重听一遍，纷纷开始指责那个打断演讲的同学。

“你有病啊，人家讲得好好的，你打断干什么？”

“真没素质。”

那位打断演讲的同学很快就顶不住压力悄悄离开了。

恨屋及乌之下，同学们都不愿意给他的竞争对手投票，于是他成功于危机之中扭转败局，以巨大的票数优势得到了学生会主席的职位。

这就是降维打击的力量，但是需要注意的是，这种方法被称为“降维打击”，打击本身就是一种敌对的行为，只有对待你想打击的目标才能这么做，对于你的亲友可不要用这种方法。

当然这是人前的应对之策，若是单独相处的时候，不需要怼，蔑视就是最简单，也是最有效的解决手段。

所以在处理对抗关系的时候不能从，不能怂，从是顺从，处于对抗状态下的时候尽量不要按照对方的任何要求行动，怂是后退，不管是言语上还是行动上都不能有半步后退，只有这样才能将损失降到最小，不会出现费姓员工那种尴尬局面。

而在与互补的人相处的时候要从，要怂，也许这种状态下双方不会很和睦，但这不影响另一方面的所言所行大都能够让你取得进步，所以这时候要怂，不要怼。

最后一个常见的问题，是如何区分对抗与排斥，两者看起来只有程度上的不同，但处理的方法却完全不同（排斥可以通过了解来消除，对抗则根本不能后退）。

如果不能准确地区分两者的话，无疑会在与人相处的时候遇到很大麻烦。

其实对抗与排斥之间的区别非常简单，只有四个字“是否有礼”。

如果对方的言行虽然不和你亲近，但谨守礼节没有逾矩，那么就属于排斥，而如果像李姓员工一样对上司口出谑言，这就属于无礼的行为，那就是赤裸裸的对抗了，对于这种无礼的行为该如何处理，早在春秋时期孔圣人就已经告诉我们该如何处理了（孔子说:“是可忍，孰不可忍”中的“孰”指的就是无礼之行）。

在这一章中主要解决的是“和谁相处”的问题，和谁相处的问题本质上是一个选择题，而选择的依据就是你想要什么。

第三部分整个的主题是“和谁在一起更幸福”，解决了“和谁”的问题，下面就要解决“在一起”的问题。

第八章 选择幸福的方式

“在一起”是弱势群体迫不得已的一种抱团的方式，人类是一种群居动物，抱团取暖的思维存在于每个人的潜意识中。

关于这个事实，其实可以通过当前的社会现象进行反证，你会发现，越是发达的国家，结婚率和生育率就越低，而越是落后的国家，就越要多生多娶。这是因为越是发达的国家，个人得到的资源就越多，那么他就会认为自己越“强大”（这种认为是潜意识中的，甚至根本不被当事人察觉），就越不需要和同伴抱团，对于家庭和后代的渴望就会降到最低点，而反过来婚姻所带来的各种麻烦和日渐增长的子女教育费用，都会促使这些人选择晚婚晚育（甚至不要后代）或者保持单身。

但同时，人类又是一种社会性动物，你不可能脱离社会独自存在，也就是说，你不能脱离别人独自存在。在这个世界上，你可以逃离一个人，这很简单，但你不可能逃离所有人。哪怕你独自隐居深山，不用任何外界的东西，也不与外界做任何接触，你也不能脱离历史，这些历史是前人的知识和经验，同样也是别人的一部分。

所以既然逃不开，那就只能看开，既然一定要和人相处，那么选择和谁在一起就变成当前最重要的问题了，在上一章中，我们提到，无论如何选择，最重要的依据就是，是否能够更加幸福。

第一节 如何开始在一起

如果说“和谁”是一种选择，那么“在一起”就是一种长久的关系，这种关系能够为人们提供长久的促进作用，甚至是心灵上的满足和冲破一切困难的勇气，乃至是冲破绝望，创造奇迹的力量。

但是这种“在一起”的关系也不是想建立就能够建立的，很多时候我们会处于一种不知从何处入手的窘境。

建立这种关系需要什么呢？

关键在于两个字——见证。想要和另一个人建立和保持“在一起”的关系，首先要有见证。

举一个简单的例子，你和你的爱人如果没有任何人或者契约的见证，你觉得你们很相爱，有朝一日出现财产纠纷，法律会保护你的财产吗？你拿什么来证明你们是“在一起”的关系呢？

所以“在一起”的关系一定要具备物理上的强制性，而物理上的这种强制性的体现就是见证。

见证，简单地理解，就是能看见，能证明。

也就是说，只有那种出双入对的实际在一起的关系才会被见证，如柏拉图式的精神爱恋，不被别人看见就无法被见证，如果你在天涯，他（她）在海角，你觉得你们的心在一起，他（她）也这么想吗？

不一定。

所以不管是任何方面、任何形式地在一起都需要有见证，而这种见证一般分为两种：一种是见证人，另外一种是物品见证。

见证人很好理解，如果两人在一起被大家所见证，或者被某一个重要的人所见证，那么这种关系就会更加牢固，而物品见证一般是契约或者信物，古代的兵符、婚书大抵如此，当然，在生活中人们往往会选择两者兼备，比如婚姻，法律程序上领个证就可以了，而国人喜欢大办婚宴，广邀亲朋，其实这种仪式本身就是为了一种见证。

梁思成、林徽因和徐志摩之间的故事或可为证：

1921 年，林徽因游历欧洲，结识了当时正在英国留学的徐志摩。

当时的徐志摩风华正茂，有着渊博的知识、风雅的谈吐和英俊的外貌，正是翩翩美少年，而林徽因也兼具才华与美丽，两人之间互相吸引，多有书信往来，徐志摩也曾为林徽因写下许多情诗。

三年之后泰戈尔访华，林徐二人更是共同担任过他的翻译。

但是最终两人却没有走到一起，林徽因嫁给了梁思成，徐志摩娶了陆小曼。

纵然两人之间羁绊再多，人们也不会认为两人在一起了，因为无人见证。

林徽因与徐志摩之间的见证是什么呢？书信。林徽因与梁思成之间的见证又是什么呢？梁启超亲自见证，两人在渥太华中国总领事馆举行婚礼。

谁和谁是“在一起”的关系还需要质疑吗？

这就是见证的力量，同时，见证也有强弱之别，就像林徽因和徐志摩之间的书信见证不如梁启超见证的林徽因与梁思成的婚礼。

可以见证这种“在一起”关系的人和物越多，规模越大，持续的时间越久，频率越高这种关系就越明显，也越有保障。

众所周知，民国时期有许多“女神”级别的女演员，但鲜有人知民国时期演艺界还有几位“民国男神”，赵丹就是其中之一。

他是北洋军阀一位营长的儿子，接受过新式教育，偶然的机会成为演员，并逐渐知名，成为“民国男神”之一。

赵丹的妻子是当时上海某大学的校花，名叫叶露茜，两人的婚礼几乎轰动了整个上海滩，连著名女星蝴蝶都来参加了两人的婚礼。

可谓是被人们广泛见证，婚后两人十分恩爱，叶露茜甚至为了支持赵丹的演艺事业放弃了自己的事业。

不久赵丹选择去西藏发展，结果却被抓进警察局，一关就是五年。带着幼儿的叶露茜以女性的坚毅，在新疆苦苦支撑四年，等待着丈夫的归来，一直未果。直至传出赵丹早已遇难的消息后，得知丈夫遇害，悲痛之余，叶露茜为了孩子与生计，接受了杜宣。

五年后，赵丹归来，第一时间就去寻找自己的妻子，结果却得知妻子已另嫁他人，赵丹不愿放弃，希望叶露茜能够给自己一个机会：“我们两人的爱情是很多人都见证过的，而我的死亡你见证过了吗？”

叶哭泣犹豫良久，最终表示：“我的一个家庭已经毁了，不能再毁了现在的家庭，你走吧。”

据说在叶露茜弥留之际，她的孩子曾问她，赵丹和杜宣都对你很好，你更中意谁呢？叶表示更中意后一段感情，因为杜宣与叶露茜的婚姻得到过周恩来总理的祝福。

所以在一起这种关系的缔结，就像是契约一样，需要被看到，被证明，也就是被见证，而见证的人越多，越重要，见证的时间越长，频率越高，这种关系就越牢固。

实际上这种“见证”的行为不仅局限于人类，在动物界中也存在这样的见证，比如动物如何圈定自己的领地？留下自己的痕迹，比如狗就喜欢撒尿圈地盘，而有些熊就喜欢在树上留下自己的抓痕来证明自己的领地所有权……动物们划地盘的方法有很多种，但是本质上都是留下自己的痕迹，而这种痕迹本身就是一种见证，这和人们的房产证没有本质上的区别。

想要建立这种“在一起”的关系，需要从见证入手，寻找或者创造一些见证，建立这种关系，就会变得顺理成章。

第二节 如何真正在一起

如果我们深入地思考这种“在一起”的关系，就不得不反思一个问题：仅仅“见证”就足够吗？

那么多人见证，这种关系就会牢固吗？哪个明星结婚的时候不气派？场面不宏大？见证的人不多？

为什么很多最终还是没有“在一起”？因为仅仅见证，只能是初步建立在一起的关系，更多的是一种建立关系的途径，毕竟见证说到底只是一种形式，而“在一起”真正的本质还是在于双方的内心。

想要真正达到“在一起”的状态，还需要双方达成一种共识。

世界上个体和个体之间，个体和组织之间，个体和这个世界之间所有的对立和联合都取决于共识的多少。之所以会产生矛盾不是因为没有共识，而是因为共识太少，共识越少，矛盾就会越多，所以意识形态所造成的对立是最难以调解的。

反过来人们之间共识越多，就越容易真正地在一起，比如说个体之间的共识，最简单的就是共同的爱好，“麻友”们总会自然而然地结成小团体，喜欢吃辣的人总会相约一起吃川菜，游戏达人总会更容易成为朋友……

爱好本身就是共识最表象的东西，实际上就是休闲娱乐上的共识，这种共识会表现在有共同的爱好和追求，有共同的思想，甚至共同的境遇，比如爬山的时候两个都觉得很累的人就很容易达成共识（比如一起找个地方歇歇脚），两个伤心的人碰到一起也很容易达成共识。

两个没有共识或者缺乏共识的人很可能因为一条事不关己的新闻起了争执甚至冲突，甚至情侣或者夫妻之间因为缺少共识而因为一些小事闹到离婚。

有趣的是，共识的力量主要体现在一些小的方面，或者说，越细节处的共识越容易让双方的关系变得亲密，举个简单的例子，如果两个人都喜欢“二次元”，那么这两个人之间可能会有共同语言，而如果两个人都喜欢漫画，那么两人很可能成为好朋友，如果再细致一点，两个人如果都喜欢漫威的漫画，那么这两个人之间的关系可能会更加亲近。

两个人的共同爱好越冷门，两个人之间越容易建立和维系“在一起”的关系。人们总是这样，在大的方面找到共识很容易，但是在小的方面找到共识却很难，而大方面的共识对于在一起这种关系的建立和维系的效果并不理想，这也就决定了想要真正地“在一起”是很难的。

但是反过来说，大的方面没有共识，对两个在一起的人之间的负面影响也会很小。比如夫妻之间，一方非常缺乏金钱意识，而另一方惜金如命，两个人的婚姻能够幸福吗？

当然能。

你看，两人在金钱这个方面完全没有共识，但这并不会对两人“在一起”的关系造成很大影响，想必也不会有哪对夫妻因为一方喜欢明星A，一方喜欢明星B而闹离婚，他们可能会发生争吵，但不会因为“心中偶像”和“梦中情人”而分开。

那么如何区分哪些是大的方面，哪些是小的方面呢？很简单，大的方面往往代表着热门，比如无论是喜欢绘画的人还是喜欢音乐的人都是成千上万的，而作为成年人喜欢看童话就属于非常冷门的爱好，这种就是小的方面。因为越冷门的共同爱好越容易从“我喜欢××”转变成“我和你一起喜欢××”，这就是“在一起”的关系了。

其实不仅仅是个体之间，组织之间也会有共识，很多企业都会有目标，我们学谁不学谁，比如弘历公司就说要像华为和苹果一样，而从来不说要和阿里或者百度一样，这就是目标的不同，这种目标本身也是源于共识，这种组织之间的共识也并非源于大的方面，而是一些小的方面，比如说企业的创立者之间性格相似，企业的模式相似。

个体之间如此，企业如此，国家也是如此，想要真正地在一起，相处得更好，需要有共识。

第三节 如何永远在一起

在一起这种关系能够带来许多好处，但是这种关系如果维系不好，就会相当脆弱，“在一起”这种关系的结束会让双方都承受心灵上的巨大打击，这种打击甚至可以让人丧失斗志和上进心，变得消沉、抑郁，甚至彻底击垮一个人，让他失去生活的勇气。

而“在一起”这种关系的维系需要的是依赖，人是物质的，同时也是精神的，所以依赖关系也分为物质和精神两种，物质的依赖最典型的例子，有人说：想要征服男人的心，首先要征服他的胃，其实这种说法不无道理。如果你真的对一个人的厨艺产生依赖，那么你很可能会发现离开他之后，你什么都能适应，就是不能适应没有他做的菜，这种就属于物质依赖。

而精神依赖则更多体现在心灵的方面，比如你身边的某一个人，每当你受到打击，遇到困难，处于沮丧期、低谷期，总是喜欢去向他寻求安慰，慢慢地你会发现，这种依赖和物质依赖并无不同，当你疼痛的时候他就是止痛药，当你寒冷的时候他就是温暖的火炉……

更多的时候，不管是物质的依赖还是精神的依赖，如果想要长久，都需要双方都主动做出牺牲，所以在“在一起”这个问题上一定要慎重。

维系这种关系需要双方付出，同时也会有收获，并且强制结束这种关系时，双方都会承受损失，这就好像是一种契约的关系。

选择和谁在一起，就会产生一种长期的依赖关系，所以我把这种“在一起”的关系称之为“长久的依赖契约”。

在缔结契约时，契约双方（自己作为契约的一方，另一方可以是其他人，比如同事、伴侣甚至是非人的动物，比如猫、狗，也可以是非生命体）都必须付出筹码，这种筹码不一定是物质上，也可以是精神层面上的，所以双方的筹码很难界定多与少，值与不值，毕竟，谁又能说得清楚，自己的爱值多少钱呢？

所以建立这种长久的依赖契约的时候，一般是不会有人考虑所谓得失的，只要另一方能给自己提供想要的，这种契约就会成立。

需要注意的是，在这种长久的依赖契约中作为筹码付出的不管是物质还是精神一般都是长久地付出，直到契约终结之前这一过程都不可以停止。

这种契约的建立不会像婚姻一样有一个明确的仪式，在双方处于“在一起”的状态之时，契约已经建立了，双方为了达到“在一起”的状态所付出的一切就是双方为了维系这一契约所要支付的筹码。

北方有游子，名为“灵虚”，姓氏已佚，其字曰“梦尘”，自号“游方居士”，天生灵目，可窥阴阳，见鬼神，性喜游历，寻访奇事，著《灵虚手记》流传后世。其一篇《孤老人》流传甚广：

岁末大寒，灵虚游于北地，穷冬风烈，大雪将至，避于关帝圣君庙。

入堂，拜圣君曰：“圣君在上，借宝地一用。”

一老翁生火庙中，笑道：“泥胎木塑，岂有灵乎？”

翁鹤发褴褛，形容凋敝，持一彩绘人偶，精致异常，妆容婉媚，恍如生人。

灵虚遂与老翁比肩向火，翁自称“孤老人”，述己承师业学牵丝戏，长于盘铃傀儡之技，遂以此为业，以物象人自得其乐。奈何一生孤苦漂泊，唯手中木偶相伴。

言罢泪流不止，灵虚温言释之，恳其作牵丝戏。

翁允之，遂铺三尺红锦为台，奏盘铃为乐，牵丝做傀儡戏。度曲咿嘤，木偶顾盼神飞，虽妆绘悲容犹婉媚绝伦。

曲终戏罢，翁怀抱人偶，稍做欢容。

俄而恨怒，言己落魄至此，皆傀儡误之，天大寒，置冬衣不得，不如焚之！遂掷人偶于篝火中。

灵虚未及阻止，顿足叹惋，大为可惜。忽见人偶与火中翩然而起，肃拜揖别，姿若生人，绘面泪痕宛然，一笑迸散，没于篝焰。

翁背火而眠，柴不多，火犹至天明方熄。

翁顿悟，掩面号啕曰：暖矣，孤矣。

此后经年，未闻北地有善牵丝戏者。

灵虚曰：泥胎木雕，便无灵乎？凡人之所思所想，所爱所念，倾注之下，孰物无灵？既有灵，何物不可为伴？孤老人之名至此实至名归矣！

故事中的孤老人和人偶之间就属于这种“在一起”的关系，孤老人付出的是时间精力和对人偶戏的痴迷，乃至于后来的困苦（到处奔波，没有成家，没有置办家业）都是代价的一部分，而得到的是心灵的安宁（自得其乐），谋生的技艺。

而孤老人在关帝庙里单方面终结了这种关系，烧毁了人偶，从此之后他不再需要在人偶戏上付出时间和精力了，但也失去了人偶的陪伴，失去了心灵的寄托，成为一个真正的“孤老人”。

但他已经付出的不会回来（包括花在学习人偶戏上的时间和精力，蹉跎的岁月），已经得到的也不会消失（包括人偶戏的技艺，有人偶陪伴的回忆等）。

而这种长期的依赖契约的终结，对孤老人的打击会在之后的一段时间中显现，人偶在时不管是恶劣的环境还是困顿的境遇，孤老人悲伤地时候看见人偶都会有心灵上的寄托（也就是精神上的支柱），而失去了心灵寄托的孤老人除非建立一个新的依赖契约，否则很快就会饱受孤独的折磨。

生活中我们可以通过这种“在一起”的关系来寻求幸福，但是所有的幸福都是有代价的，代价就是在缔结长期的依赖契约时付出的时间和精力。

前文中提到这种契约对于人的心灵有强大的支撑作用，这方面让我印象最深刻的是电影《荒岛余生》中的情节，这部电影讲的是一个联邦快递公司员工在南太平洋上空遇难坠机流浪到荒岛的故事。在影片中除了主角查克之外，出境最多的角色是一个排球——威尔森，在独自荒岛求生的过程中，查克唯一能够“交流”的就是威尔森了，他把这个排球视为血脉相连的亲人，每天和它说话、斗嘴，甚至为它自责、内疚。

威尔森成为查克四年荒岛生活中唯一的精神支柱，让他没有被孤独逼疯，也没有在恶劣的环境和匮乏的资源前放弃，一直坚持，终于查克用了四年时间在荒岛上站稳脚跟，准备好了足够逃离荒岛的物资和竹筏，一举回到了文明社会。

只可惜在逃离荒岛的时候威尔森被海水冲走，查克没有救到它，独自一人趴在竹筏上号啕大哭——这是被困孤岛四年的查克第一次哭泣。

生活中这种例子更是数不胜数，虽然不一定像电影的情节一样波澜壮阔，但是平凡之中更能体现出契约在支撑心灵上的重要性。夫妻双方互相扶持走过低谷期的，同学之间相互激励取得学习进步的，合作伙伴之间相互促进取得事业成功的……

可见这种“在一起”的关系如果维系得好，能够对自己的人生产生重大的积极作用，而这种关系的维系意味着付出，乃至是奉献。

学会奉献，建立依赖，就是维系“在一起”这种关系时最大的难点。

想要长久地在一起，见证、共识和依赖三者缺一不可，如果你觉得自己和某人的“在一起”关系出现了问题，或者想要和某人建立“在一起”的关系，就需要从这三个方面入手。

本章中提到，在一起对双方都会有很大的作用，其实建立和维系“在一起”的关系，最本质的目的是为了追求更加幸福。

第九章 选择不变的幸福

生命，从单细胞起源；宇宙，从一个奇点爆发。

如果追本溯源的话，万事万物本质上都很简单。

幸福也是如此。

第一节 生命的本质

人活着是为了什么？

这个问题为难了很多人，也成就了很多人。

文天祥说：“人生自古谁无死，留取丹心照汗青。”

金庸说：“大闹一场，悄然离去。”

保尔·柯察金说：“这仅有的一次生命应当怎样度过呢？每当回忆往事的时候，能够不为虚度年华而悔恨，也不应碌碌无为而羞愧。”

曾参说：“士不可以不弘毅，任重而道远。仁以为己任，不亦重乎？死而后已，不亦远乎？”

张载说：“为天地立心，为生民立命，为往圣继绝学，为万世开太平。”

……

生命是一本过于深奥的书，正如莎士比亚所说：“有一千个读者，就有一千个哈姆雷特。”同样每个人对于自己生命意义的理解都不一样。

每个人都深知生命的宝贵，每个人对生命最终的诉求都不相同，或为爱情，或为信仰，或为世人，或为金钱，或为名誉，或为权力……

但无论想在有限的生命中得到什么，每个生命向往的方向都是他们心中的幸福所在，简单来说，生命的本质就是在追求幸福。

“一剑风雷动，事了拂衣去”是金大侠的幸福；为解放全人类的事业而奋斗是保尔·柯察金的幸福；青史留名，为后世做出表率是文天祥的幸福；成仁取义，死而后已是曾子的幸福……

生命的追求向来单纯，每个人的幸福都不复杂。

对于孩子来说，幸福很简单；对于成人来说，简单很幸福。那些又想要钱，又想要美女香车，看上去贪心不止，得陇望蜀，啥都想要的人，其本质仅仅是简单地改善自己的生活，只不过其中的尺度没有把握好而已。

比如改善自己生活的这个概念，如果你自己都对自己想要的生活没有一个概念的话，那就只能不断追求，索取更多，贪婪无度结果通常都不太好。

幸福从来不是一件复杂的事情，简单的满足就足够了，换句话说，不懂满足的人永远不会幸福。

生命的追求向来单纯，追求的过程向来诚挚。

为追求真理，布鲁诺甘愿面对火刑架；为了击退侵略，黄继光用胸膛挡住敌人的枪口；为了点亮世界，爱迪生在上千次失败之后仍坚持不懈……为了心中所向往的幸福，人们往往是不吝于付出任何代价的。

这样就得到了一个关系链：生命的本质是追求幸福，幸福的本质是简单的满足，而为了实现这种满足，人们是不吝于付出的。

接下来我们来讨论“满足”。

据《文陀竭王经》记载，释迦牟尼佛的诸多前世之中，有一世名叫“文陀竭”，是一个大国的国王，所以被称为“文陀竭王”。

文陀竭王拥有很多稀世珍宝，也有许多强大的法宝，最初的时候，文陀竭王励精图治，以正法治国，亦反对战争。

然而随着国家的壮大，文陀竭王开始变得骄傲，他认为其他国家的百姓贫困交加，生活在水深火热之中，如果我能够统治他们，一定能够让他们过上更好的生活。

于是文陀竭王开始发动战争，凭借强大的军队和威力无穷的法宝征服了所有的国家，各国的百姓都知道他的贤明，诚心臣服。

几年后，果如文陀竭王所想，所有的人民都过上了好日子。

拥有了天下所有的领土和人民之后，他开始想要更多，于是下令召集天下美女充实后宫，甚至处死各国的国王，把他们的王后也召进自己的皇宫。

如此，文陀竭王拥有了天下所有的土地和人民，还拥有了庞大的后宫，可以说人世间所有值得追求的事物都已经在他的手中了。

但他仍未满足，他开始想要到天上看看，文陀竭王有一个法宝叫作金轮，威力无穷，他用金轮带着自己和军队来到了天上。

天帝见到他后非常敬重，甚至把自己的座位分给他一半。

文陀竭王看见天界的宫殿远胜自己的华美，天界的仙子远胜自己的后宫佳丽，心想："若是我取代天帝的位置，像治理人间一样治理天界，这一切都归我所有，那该多好！"

文陀竭王恶念一生，就被天帝遣返回人间，并且还得了不治之症，命不久矣。

临终前，这位传奇君王告诫自己的皇子们："贪婪是焚身业火，切记，不可贪心！"

这位文陀竭王能够将天下治理得井井有条，歌舞升平，不可谓不智慧；拥有神奇的法宝和庞大的军队，不可谓不强大，连佛祖的前生都难逃贪欲，凡人之心又何谈满足呢？

都说"欲壑难填"，明代著名的音乐家、文学家朱载堉创作过一首散曲，名为《十不足》讽刺人心的贪婪和不知足：

终日奔忙只为饥，才得有食又思衣。
置下绫罗身上穿，抬头又嫌房屋低。
盖下高楼并大厦，床前却少美貌妻。
娇妻美妾都娶下，又虑出门没马骑。
将钱买下高头马，马前马后少跟随。
家人招下数十个，有钱没势被人欺。
一铨铨到知县位，又说官小势位卑。
一攀攀到阁老位，每日思想要登基。
一日南面坐天下，又想神仙来下棋。

洞宾与他把棋下，又问哪是上天梯。
上天梯子未坐下，阎王发牌鬼来催。
若非此人大限到，上到天上还嫌低。

欲望是无穷无尽的，我们的能力终究有限，就算如文陀竭王般传奇而强大也不能满足无尽的贪欲，那么作为普通人，我们该如何让自己得到满足呢？

欲望之所以得不到满足，是因为人们不清楚满足有一个前提，这个前提就是幸运。

这不是说只有运气好的人才会觉得满足，而是只有觉得自己足够幸运的人才会觉得满足。一个人感觉自己很幸运，感觉现有的超出自己的预期，那么获得满足感也就成了顺理成章了。

实际上，满足与幸运是互相促进的关系。

老话说“知足者常乐”就是这个道理，越知足的人就越觉得自己幸运，反过来越觉得自己幸运的人越容易得到满足，自然也就幸福常伴，笑口常开了。

在生活中，如果我们将自己的注意力集中在那些我们已经拥有的事物（或者感情）上，而不是花大量的时间和精力纠结那些我们想要获得但是还未获得的事物（或感情），那么就更容易觉得自己很幸运，因为你的注意力放在“得到”上。

而如果反过来，我们在生活中把注意力放在那些我们想要却没有得到的事物（或感情）上，那么就会觉得自己很倒霉，因为你的注意力放在“没得到”上，你会觉得自己不够幸运，老是得不到自己想要的。

越知足就会越幸运，因为如果你关注生命中“已有”的东西，你会拥有得越来越多。如果你关注生命中“没有”的东西，你将永远不满足。

这种幸运感的本质是什么呢?

很简单，超出预期地得到就会让人产生幸运感。

实际上这就与服务业中强调的增加客户体验感的策略一样，一方面少作承诺，减少客户对于服务的预期，另一方面增加服务的内容和质量，从而营造出一种超出客户预期的服务。而客户处于这种状态的时候就会感觉自己的需要得到了超额的满足，因而满意度是最高的。

在这方面众多服务行业已经为我们提供了相当多的思路，据说做得最“丧心病狂”的是海底捞，据说如果你进店的时候披着长发，海底捞的服务员就会为你提供绑头发的皮筋，还会给你的手机套上袋子，总之在服务上真的做到了无微不至。

微博上有人晒自己在海底捞吃饭的神奇经历，比如自己一个人去吃火锅的时候，服务员居然提供陪聊服务，在他拒绝了之后，服务员还特地在他对面放了一个大号的玩偶公仔，说是为了让他不显得那么孤单。

还有人晒自己夏天去海底捞吃饭的时候弄脏了T恤，服务员提议让他先换上店里提供的店员制服，然后把他的T恤拿去清洗、烘干，结果等到他离开海底捞的时候，身上的T恤衫比进店的时候还干净。

更有甚者还会为顾客提供免费的美甲服务，据说有些海底捞店面还会常备丝袜和棉袜，专门为了那些袜子不小心弄脏或者勾丝了还需要赶场来不及换的顾客提供方便。

海底捞的这种服务，就是在营造一种超预期，意料之外的“惊喜感”，本质上是通过这种意料之外来让顾客觉得幸运，从而感到满足。

这里面的逻辑很简单，比如路边捡一百块钱，这是超出我们预期的，那么我们就会感觉自己很幸运，捡一百块钱就会很满足，因为这一百块钱的收获超出我们的预期，反过来如果低于预期的收获就会让人产生不满。

有一个很经典的笑话：有一个男子，心地善良，他的住所附近有一个乞丐，他每天都会给乞丐 10 元钱。

有一天，男子只给了乞丐 5 元，乞丐很纳闷儿：“今天怎么这么少？”

男子一脸幸福地微笑：“我最近结婚了。”

没想到乞丐一个巴掌招呼了过去：“你居然拿我的钱养你老婆！”

在这个笑话中，乞丐的预期就是每天 10 元，当这个预期不被满足的时候，乞丐就会产生不满，但如果男子从不给这个乞丐钱，某一天忽然给了他 5 元，这个乞丐就会非常开心，你看，同样是得到 5 元钱，两种情况下，乞丐的反应完全不同，原因就是预期不一样。

预期得到 10 元，那么得到 5 元就是低于乞丐的预期的，一个没有预期，那么得到 5 元就是高于乞丐的预期的。

这就好比同样是看见苍蝇，在路边小饭馆里你就会见怪不怪，但是在五星大饭店里你就会拍案而起，这就是对路边小饭馆和五星大酒店的预期不同，意料之外的收获即使不多也让人满足，意料之中的收获即使再多也难有好评，低于预期的收获，则只能换来差评，这就是为什么善于制造惊喜的服务人员更容易得到客户好评的原因。

所以在追求幸福的时候，一方面我们要知道自己想要什么，另一方面要让自己能够在自己想要的方面得到满足，而不是成为欲望的奴隶。

在这个过程中，我们需要的，就是做自己的服务生，给自己营造满足感。

第二节 关于幸福

关于给自己营造满足感的方法，有这样一个思路，对于一个人来说，获得满足的方式有长久、短暂、简单、复杂之分，长久和短暂很好理解，有的获得会让人处于长期的满足状态，而有些获得只能带来短时间的满足。

而简单和复杂指的是得到满足的方式，有些人追求简单的满足，通过努力有所收获，觉得自己很幸运，得到幸福感；有的人追求复杂的满足，通过努力有所收获，觉得自己很幸运，也能够得到幸福感。

就如同图 9-2-1 的“幸福三角形”所示的那样：

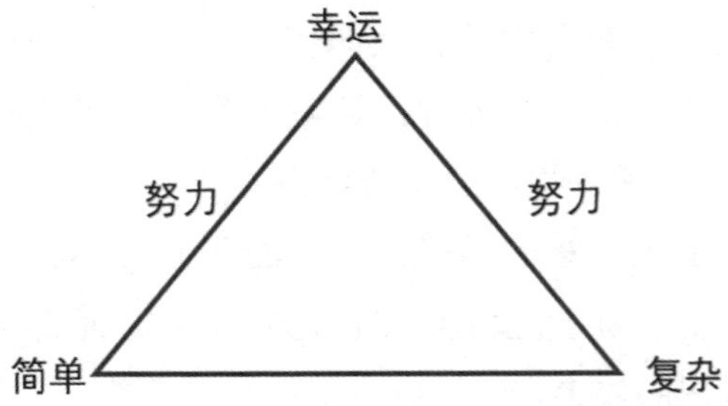

图9-2-1 幸福三角形

需要注意的是，虽然追求幸福的过程离不开努力，但努力不是幸福的本质，满意（或者说觉得自己幸运）才是。

因为那些永远不懂得满足的人也会很努力，甚至比满足的人更努力，但不管他如何努力，都不能通过努力得到幸福，而懂得满足的人却可以通过努力变得满意，从而收获幸福。

这就是给自己营造满足感的方法，也就是前文中提到的做自己的服务生的方法。

而关于幸福的简单和复杂之间并没有本质上的差别，达到幸福的过程或许很复杂，最初的目标或许很复杂，但最终的结果都是简单的满足，这也是幸福三角形中“简单”和“复杂”之间连线的含义。

以上是自己追求幸福的方法，而在生活中，我们不仅仅希望自己能够得到幸福，也希望别人能够得到幸福。

我们希望别人获得幸福的原因，有些是因为亲情、友情或者爱情，这种是主观想要；而有些则是因为利益相同，这种是客观需要。

不管是主观需要还是客观想要，都是希望让别人获得满足，而这种让别人获得满足的过程中涉及一个大多数人对满足的误区——用说服来代替满足。

实际上对幸福来说，最大的阻碍就是说服。很多人在希望别人获得幸福的时候，都希望通过说服来建立一种幸运感或者满足感，这样来降低别人的预期，然后使他们获得幸福。

这种思路对自己使用无疑是正确的，前文中关于幸福三角形的阐述，实际上也是这种思路，毕竟预期越低就越容易得到满足，进而越容易感到幸福。但是这种思路对自己用可以，对别人用就很难奏效了。

你不让他得到满足，而是试图通过说服来降低他对满足的预期，很难起到正面的效果，因为说服最重要的是代入感，而从自己的角度说服别人降低预期，是很难有代入感的。

举一个简单的例子，比如你的老板试图说服你降低对待遇和薪水的预期，你会怎么想？你不会想他这是为了让你获得幸福，而是在给你灌鸡汤，画大饼，想让你少拿钱，多干活儿，老板这话一出口，本来是好心也变成恶意了。

老板与员工之间如果说关系不够紧密的话，父亲与儿子之间又如何？

比如当你年迈退休之后，你的儿子跑来跟你说让你降低预期，你会怎么想？恐怕抽他的心都有了。

老话说，要想公道，打个颠倒。我们自己都不能接受别人说服我们降低预期，又怎么能够奢望通过说服来降低别人的预期呢？

偏偏这一误区却是大多数人都会进入的，所以当你想要帮助别人得到幸福的时候，不要试图说服他们，而是让他们拥有智慧，自己领悟到幸福的道理。这就像是寒风永远吹不走人们身上紧裹的大衣，暖阳却可以轻松让人们脱下大衣，一样的道理。

所以古人讲究“养父母之身”为小孝，“养父母之慧”为大孝，这种慧，大概就是本章中反复论述的获得幸福的智慧了。

幸福的时间

这一段内容的题目是“幸福的时间”，这个题目不能从字面上理解为幸福持续时间的长久或者短暂，这个题目的含义是，生活在不同时间轴的人们追求不同的幸福。

何谓“生活在不同时间轴”的人呢？

很简单，在生活中，你会发现，有的人特别在乎传统的东西，有的人奉行“今朝有酒今朝醉，莫愁明日无米炊”的现实主义，而有的人则不避苦难，虔诚地追求信仰。

这就是生活在不同时间轴的人，因为他们在乎的东西不一样。活在过去的人在乎传统，他们不在乎现在和未来，传统被打破是他们最愤怒的事情，研究和遵循传统，因循守旧是他们最喜欢的事情，这种坚持传统就是活在过去的表现。

具体来说，那些喜欢说过去的故事的人，就属于在乎过去的人，他们在过去的故事中寻找代入感，他们常说的话是“曾经如何”“过去如何”“历史上如何”，他们并不会在乎自己现在过得好不好，未来会过得如何。

活在当下的人在乎满足，更确切地说，是当下的满足，你不要给他们讲明天，讲未来，未来的金山银山，也抵不了今天的肚子饿，你也不要给他们讲过去，讲历史，他们不会在乎传统的。

过去的已经过去，未来的还未到来，我们能把握的只有现在——这就是典型的活在当下的想法。

当然，在乎当下的人眼中的当下并不是单纯指现在这个时间点，而是指一个时间范围（存在一个边界），这个时间范围的大小取决于在乎当下的人如何定义现在这个概念，所以每个活在当下的人对于“当下”的定义都是不同的。

活在未来的人在乎信仰，这很好理解，最远的未来是什么？死亡，信仰是为了什么？死后上天堂（或者差不多类似的目标），所以在乎信仰的人不在乎过去和现在，他们不在乎过去有多苦，现在有多惨，他们只在乎遥远的未来（信仰的结果）会如何。

所以想要打倒在乎信仰的人，从现在和过去入手都没有太大的意义，只要让他看不到未来就可以了。

当然研究这个课题的意义不是让你击败谁，而是知道自己在乎什么，别人在乎什么，从而更好地追寻幸福。你要分清楚，自己是活在时间轴上的哪一个位置，别人是活在时间轴上哪一个位置，这对你与别人相处，或者追求自己的幸福，都有非常重大的意义。

第三节 距离感的问题

距离感问题是一个人认清自己，也认清别人之后，与人相处的最后一关。

认清自己也认清别人就能够更容易得到幸福，但是得到幸福以后还有一个阻碍——时间。

人们常说，爱情和亲情经不起时间的考验，不管是多么好的感情，经历了多么波澜壮阔的事情，多么有共同语言，相处久了总会出现裂痕。

这并非因为亲情与爱情的消失或者变质，我们经常能够看到夫妻因为一件小事吵得不可开交，闹离婚，断绝关系的两人分开之后互相惦念，最后又因为一件小事和好如初。更有趣的是，过段时间他们还吵，然后还会和好。

所以亲人与爱人之间会随着时间的推移而产生摩擦，本质上的原因并非深刻的感情不能长久，而是因为长时间的亲密会给双方带来伤害。

这种伤害来自对“你应该”和“我需要”的混淆。

具体来说，两个人长时间处于亲密状态后会混淆“你”和“我”的概念，而用“我们”来代替这个概念，简单来说，就是对方会认为有些事情是你应该干的，而不是我需要强调的。

当两人之间不再需要你和我的概念，只剩下我们的概念之后就会产生这种伤害。

比如现在被“催婚势力”所包围是“单身贵族”普遍烦

恼的问题。催婚势力有两种，一种是关系不远不近的亲友借着催婚“秀优越”，或者只是无聊需要一个八卦的话题，这种情况除了比较烦之外还是很容易应对的。

但是另一种“催婚势力”就很可怕了，他们是你的血脉至亲，从关怀的角度或殷切期盼，或强势要求为了你的终身大事着急，这种情况下，无意脱单的你既不好拒绝，也不可能远离，这种小的矛盾越积越大，最终可能就会爆发家庭冲突。

很多人对这种情况很无奈，不知道该怎么解决，实际上想要解决一个问题，你至少要认清它的本质，这个问题的本质就是“你应该”和“我需要”之间的混淆。

当你的父母觉得“我需要抱个孙子”的时候，他们不会直接跟你说我们需要如何，而是认为你应该结婚了（因为你们是至亲，无分你我，那么满足他们的需要，就成了你的义务），于是单身青年的逃婚大作战就开始了。

反过来从子女的角度也会是如此，小孩子的任性很大程度上就是源于这种心态。

夫妻双方的冲突也大抵如此，缔结婚姻关系数年之后，夫妻双方亲密无间，却很可能因为一束花吵起来。

比如当情人节临近的时候，妻子看着街上铺天盖地的情人节浪漫攻势，“我在情人节需要一束花”，她会有这样的想法，这时候“我需要”就产生了。

但是因为双方的亲密关系，她不会认为这是我需要的，而是认为，这是你应该的，“我的丈夫应该送我一束花”，如果这一天工作后回家的丈夫没有带回一束花的话，冲突的根源也就产生了。

最可怕的一点就是，这种“我需要”变成“你应该”之后，需求方的需要就不会主动地表现出来，因为这是“你应该的”，你的父母不会告诉你“我们想要抱个孙子”，你的妻子也不会在情人节跟你说“亲爱的我需要一束花”，但是这些不会表现出来的需要不被满足，就会埋下冲突的种子。

我们的关系可以亲密无间，但是不代表我们互相掌握了读心术，我怎么知道你需要什么？然后另一方还把“我需要”当成了“你应该”，“我需要”是要主动表示出来的，而“你应该”则是不需要提示的，那么一方需要，而一方不表示出来，我们又不会读心术，天长日久之下，这哪有不起冲突的道理？

那么如何解决“我需要”和“你应该”相混淆的问题呢？

很简单，保持距离。

当双方的关系亲密无间之后，想要分清这两点是很难的，而在保持距离之后分清这两点很简单——有哪个女人会因为自己的追求者在情人节没给自己买一束花而大发雷霆？有哪个父母会因为自己的侄子、侄女大龄未婚而与之冲突，断绝关系？

你看，只要保持一些距离，这个问题根本就不会产生。

保持距离不代表就不能保持亲密的关系，亲密和无间是两回事儿，我们要亲密但不能无间，尤其是在与在乎的人相处时，这种距离一定要保持好。

如何做到亲密有间呢？

我们需要有一个认知，每个人都是独立的，

这就像是“刺猬法则”一样：在寒冬时节，一群刺猬生活在一起，当夜晚降临，饥寒交迫的刺猬们就会试图抱团取暖，但是刺猬身上有刺，当它们接近到一定程度的时候就会刺痛对方（或者被对方刺痛），于是只好互相远离，可是离远了太冷，离近了会被刺痛，刺猬们会在反复测试中找到一个最合适的距离，既能够抱团取暖，又不会被刺痛，这就是刺猬法则。

很多时候人际交往也要遵循“刺猬法则”，相信你也有这样的经验：很多时候越是亲密的关系越容易发生矛盾，而礼貌的疏离这种关系则让双方难以产生冲突。很多人常常说，自己把最温柔的一面给了陌生人，而把最恶劣的一面给了至亲至爱，在家中挑起战火，与伴侣争吵，但在陌生人或者半生不熟的人面前温文尔雅，谦恭有礼。

这种现象，在心理学上被称之为“心理距离效应”。

心理学研究者们曾经做过这样的实验：在某个图书馆中一间空旷的阅览室中，当某一位读者进入其中坐下阅读，心理学研究者就进去选择紧挨着他坐下，以此来测试对方的反应。

测试的结果显示大多数人在面对这种情况时都会默默地起身，到远离陌生人的位置坐下，甚至有些人还会表现出明显的抗拒，甚至质问，在八十余位随机选取的受试者中（这些受试者在参加试验时完全不知情）没有一位可以忍受在空旷的阅览室中只有两个人的情况下，一个陌生人在自己的身边坐下。

实际上这种情况不仅仅出现在陌生人之间，在熟人乃至至亲至爱之间也是如此。

最近我在网上看到不少年轻人吐槽自己的遭遇，在外读书或者工作的时候父母一天好几个电话，可是当自己长假回家之后，用不了几天就被父母各种嫌弃，让人不由喟叹真的是“距离产生美”。

距离的力量是神奇的。当它存在时，会形成一种期待的力量，当你和他之间存在距离的时候，你就会万分期待，对另一方报以万分的喜爱，产生一种迫不及待的情绪。

但是当距离不存在时，它又会成为一种隔膜，甚至成为互相伤害的根源，关系越紧密，就越容易互相伤害，伤得也越深越痛。

按理说，对一个人的了解越深，和他相处越久，就应该越容易相处，因为你们彼此了解，也形成了成熟的相处模式，但事实却并非如此。生活的经验告诉我们，越熟悉的人，尤其是至亲至爱之间越容易互相伤害，并且还因为这种深刻的了解，让我们更容易找到对方的痛点，因为双方之间非常在乎对方，所以这种伤痛更难以忍受。

中国古代提倡君子之交淡如水，夫妻之间要举案齐眉，对至亲至交要保持距离，而对不是很亲近的人却要表现得毫无距离，适当的距离是尊重的要素，适当的距离是维持友谊的保证，也就是《论语》中说的:“事君数，斯辱矣；朋友数，斯疏矣。”

由此可见，人和人之间需要保持一定的距离。

对于至亲至爱来说，这种距离更多地体现在“意识”上，是分清“我需要”和“你应该”，也就是分得清你与我，这样就不会在难以被满足时产生期待，从而产生不满，进而升级为冲突。

而对于稍远一些的亲朋好友来说，距离更多地体现在空间上，心理学认为每个人身边都需要有一个可以完全掌握的空间，这个空间能够让人获得安全感，而一旦这个空间被侵犯，这个人就会产生不安全、不舒服的感觉，甚至由此产生愤怒情绪。

所以在与亲近熟悉的人相处的时候，保持距离是相当必要的。

除了相处之外，这种“心理距离效应”也被运用到管理学当中，尤其是作为领导者来说，如果想要凝聚团队，就需要和下属之间保持良好的关系，尤其是当团队规模不大的时候，这种良好关系甚至会变成亲密关系。

但是管理者一定要把握好其中的尺度，要做到“亲密有间”，保持合适的距离，强调一种足够亲近的合作关系。这种心理距离的把握，一方面可以减少团队成员的紧张感，加速团队中成员的磨合，另一方面又防止“近之不逊”，失去作为管理者的威严。这也就是所谓的“疏者密之，密者疏之”。唯有如此，在团队管理时才能游刃有余，不会进退失据。

法国总统戴高乐的座右铭就是“保持一定的距离”。在他作为总统的十余年中，他的秘书处、办公厅和私人参谋部等机构没有人能够工作超过两年。对于新上任的办公厅主任，戴高乐总是这样告诫他们：“我使用你两年，正如人们不能以参谋部的工作作为自己的职业，你也不能以办公厅主任作为自己的职业。”戴高乐在管理中就是依靠这种调动来保持距离，既保证了他的顾问和参谋们永远充满朝气，又避免了某些人成为他“不可或缺的人”，从而保证自己的参谋和顾问团队不会因为和自己距离过近而对自己产生不良影响或者以总统和政府的名义营私舞弊。

这样的问题在很多组织中都难以避免，因为领导和自己的顾问或秘书距离过近，造成顾问人员干政，或者有人假借领导的名义营私，戴高乐的做法无疑避免了这一问题。

无独有偶，通用电气公司的前总裁斯通在管理上也很注意距离的保持。在待遇问题上，斯通从来不吝啬对下属的关爱，但是他从来不会在非工作时间邀请下属到自己的家中做客，同样也从不接受下属的邀请。斯通通过这种距离的保持，既没有让自己显得高高在上，与下属脱节，也没有因为和下属之间距离过近而混淆了身份。

不论是在管理学上，还是在生活之中，把握距离都是非常考验人的一件事情。聪明的人都会把握距离，让自己的亲情、爱情与事业能够稳定、长久而充满情致；而不擅长把握距离的人则随着时间的推移很容易把一切搞得一团糟。

在生活中和至亲之人保持距离无疑并不容易，但如果任由长时间地接触把你与至亲之间的空间压缩到无限小，那么最大的伤害就产生了。所以更合适的方法就是亲密而有间，自己不混淆“你”与“我”的概念，也避免至亲混淆这一概念。

当“我需要”和“你应该”之间的界限不再清晰之后，一丁点小事都会造成反复摩擦，最终千里之堤溃于蚁穴，足以摧毁两人亲密关系的巨大冲突就会在这些小小的摩擦中诞生——生活中这样的例子总是屡见不鲜，夫妻之间所谓七年之痒就是如此。

但另一方面，这种冲突也有可能因为一件小事而消除，老话说，床头打架床尾和，夫妻之间的冲突无论规模大小，产生的原因一般都是很小的，可能是你情人节忘了带一束花回来，周年纪念没有准备惊喜，等等，而这种冲突哪怕规模再大，也可能因为一件小小的事情和好如初，比如一句关心的话，一个温暖的行为等，而这种特性在其他类型的冲突中是不存在的。

精神与物质之辩

最后，虽然我们可以学会与人相处，也可以学会认识世界，认识自己和认识别人，但是这样就能够和所有人相处了吗？

首先你要明白一个道理，自己是不可变的，别人也是不可变的，懂得再多，你也只能解决精神的问题

在这种情况下，婚姻就好比两块砖头黏合在一起，我们不可能用意念做到这件事情，物质的事情，只能用物质来解决，精神只能起辅助作用，精神的问题只能用精神来解决，物质只能起辅助作用。

人首先是物质的，我们的存在依赖于物质基础，精神上我能够接受你，我也知道自己身上的问题在哪，精神上接受你了，但物质上我怎么改变？人要认清自己身上不可变的部分，我既不能改变自己，也不能改变你，所以很多时候大家

不要为这种事情纠结，我改变不了，那么只能离开。

为什么和所有人都能相处却还要离婚，这是两个概念，虽然可以和任何人相处，但是人本质是不可变的。

精神是想象的，物质是不变的，所有精神上的东西都可以想象出来，物质的获得就要依靠竞争和创造，本质上都是创造的，懂得再多的道理不会创造也毫无作用。

所以懂得再多，在婚姻上也最多可以达到，情感上可以相处的状态，但是无法减少痛苦。

因为人是不变的，所以这种痛苦会随着时间的推移不断产生和扩大。

这就好比你需要乘船渡过一片有海妖盘踞的海域，凡是听到海妖歌声的人都会被歌声魅惑，最终投海自尽。

但海妖的歌声是世界上最美妙的，你又不想错过，该怎么办呢？

希腊神话中的英雄奥德修斯早已给出解决方案——让人把自己绑在桅杆上。这样，你既听到了美妙的歌声，又没有性命之忧，两全其美。

但是一次美，两次美，听久了以后，美妙的歌声还美吗？

如果每次渡海都如此，几次之后就只剩下被绳子捆绑的厌烦了，随着时间的推移，美妙的不再美，该烦的会越发烦，美的不美，烦的越烦，怎能不产生痛苦呢？

所以我能够和你相处，但是不代表我不会产生痛苦，因为人身上有部分特质是不可变的，可以相处，但是无法改变，所以对于此类事件大家也不必大惊小怪，相处是精神上的，痛苦源于物质。精神的问题用精神来解决，物质是辅助，物质的问题用物质来解决，精神是辅助。

如果仅仅把视角局限在精神或者物质方面，就看不清事物的本质了。

比如失恋，这件事属于精神上的痛苦，解决这个问题最好的方法是从精神上着手，物质上能起到的作用终究是有限的。你在物质上给他更多，他也只能暂时麻痹自己，都不及情感上的抚慰。

比如贫穷，这种属于物质上的痛苦，解决这种问题就要从物质上着手，精神上能起到的作用有限，你跟穷人说有钱的种种坏处，他就不想有钱了吗？

现在大多数的人首先是不能认清自己身上不可变的部分，其次没有找到应对这种不可变的方法，解决这种不可变的方法就是在精神和物质两方面想清楚，精神的问题用精神解决，物质辅助；物质的问题用物质解决，精神辅助。

同样天理与人心也是如此，天理的问题要用天理来解决，人心辅助；人心的问题要用人心来解决，天理辅助。

和谁在一起更幸福

串联起最后一部分的内容，实际上都是在阐述一个问题：和谁在一起更幸福。“和谁”研究的是想要得到什么；“在一起”解决的是选择奉献什么的问题；“更幸福”则是选择奉献的原因。

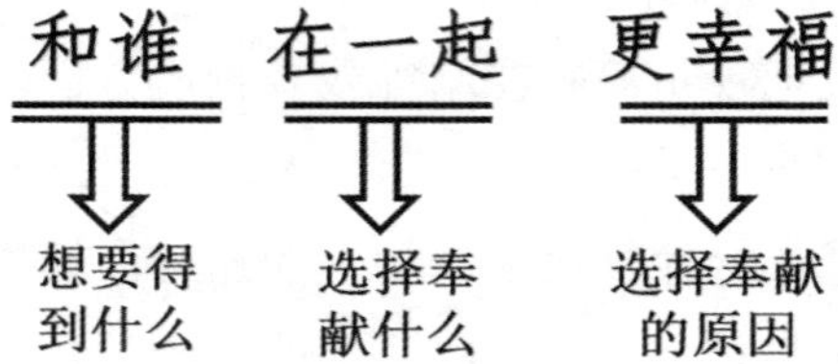

不论追求什么，生命的轨迹总是从自知到知人，再从知人到自立，自立之后再思考怎样融入这个社会，或者说如何在这个世界上取得成就。就如同《大学》中所提到的八目“格致诚正，修齐治平（物格而后知至，知至而后意诚，意诚而后心正，心正而后身修，身修而后家齐，家齐而后国治，国治而后天下平）”一样。

人们总是从研究外部来认识自己，从认识自己获得方向，获得力量，然后再认识别人，认识世界，最终获得撬动这个世界的力量，但不是每个人此时都会选择撬动世界。

正如闻名世界的威斯敏斯特大教堂地下室的墓碑林中那块举世闻名的无名墓碑上刻下的墓志铭所说：

当我年轻的时候，我的想象力从没有受过限制，我梦想改变这个世界。

当我成熟以后，我发现我不能够改变这个世界，我将目光缩短了些，决定只改变我的国家。

当我进入暮年以后，我发现我不能够改变我的国家，我的最后愿望仅仅是改变一下我的家庭。但是，这也不可能。

当我现在躺在床上，行将就木时，我突然意识到：如果一开始我仅仅去改变自己，然后作为一个榜样，我可能改变我的家庭；在家人的帮助和鼓励下，我可能为国家做一些事情。

然而，谁知道呢？我甚至可能改变这个世界！

只要留心，你就会发现，那些真正改变世界的人，他们的生命轨迹大都是如此，真正能够撬起地球的支点，不在阿基米德留给世人的想象中，而是在每一个人的心中。

一颗对自己、对他人、对世界有着深刻认识的伟大心灵，是人生中最宝贵的财富和最强大的力量——我希望你能够通过这本书走向追寻伟大心灵的道路。

愿你能够找到自己最幸福的所在。

总 结

读懂一本书，从读懂一首诗开始

在华夏五千多年的历史中，有无数的诗文流传下来，每一首经典之作背后，都有一段精彩的故事。

但也有一些诗作背后的故事，随着时间的推移出现很多的版本，接下来要涉及的这首诗，就是这样一首充满争议的作品。

一片两片三四片，
五片六片七八片。
九片十片十一片，
落入水中都不见。

这首打油诗不少人都听过，但关于它的出处和背后的故事却是众说纷纭，一说是乾隆所作，一说是郑板桥的作品，一说是纪晓岚所作，有的说是沈德潜写的，甚至还有人考证这首诗其实是袁宏道所写的一首儿歌。

不过我们不是来考证它的出处的，我们只说这首诗该如何品读，所以采用的是乾隆的版本（因为各版本的差别不仅仅是作者，在诗文内容和题目上也有细微差别）。

仔细品读，这首诗有四个层次。

第一个层次叫作构成。

全诗前三句可谓俗不可耐，就是简单数数，说这是诗，简直是贻笑大方，但最后一句化朽为奇，直接将整首诗升华。

通过研究全诗的所有组成部分来发现其中的亮点。

第二个层次叫作真相。

这首诗到底写的是什么，其实很多人并不清楚，第一眼见一片一片以为写的是落叶，但这首诗的名字是《咏雪》，一旦揭开这首诗是描写雪的这一个秘密，瞬间有一种画面感扑面而来：漫天雪花飘落，从一两片到无数片，最后轻轻地落在水面上，全都消失不见。

这就更深了一层，知道诗文描写的是什么，来理解这首诗的含义。

第三个层次叫作场景。

场景就是在画面感的基础上更进一步，不是一幅二维的画面，而是一个三维的场景，有人，有背景，有对话，有情节。

想象一下，秋末冬初的时节，乾隆皇帝带着一众大臣给皇太后请安之后，一起去游园，行至湖边，天上忽然开始飘然落雪，乾隆皇帝伸手接住一片雪花，诗兴大发："一片两片三四片。"

身边一众大臣自然一片叫好。

于是乾隆脸上挂着悠然的微笑，继续吟道："五片六片七八片。"

"龙套大臣"们继续叫好。

"理科皇帝"乾隆继续数："九片十片十一片。"

大臣们一片呆滞，合着您老人家打算数到二十？

只见这时，大学士刘镛却不慌不忙地接道："落入水中都不见。"

乾隆一寻思，这的确比数到二十有格调，于是微笑道："对，落入水中都不见。"

于是大臣们长舒一口气，赶紧继续叫好。

到达这个层次，对这首诗的理解已经相当深刻了，通过这首诗的背景，可以构建出一个完整的场景了。

第四个层次叫作意境。

场景是物质世界里面能够看到的，意境是存在于思想中的。

所谓意境就是可以让别人产生想象的，存在于思想层面，可以升华的部分，比如这首诗的意境就是雪之多，轻盈洁白以及飘落之美。

全诗通过简单的数字堆砌，描绘出雪花在微风吹拂下，静静飘落飞舞的姿态，轻快、自然、明快的节奏让读者不由置身雪景之中，但每个人“所见”的雪景都不一样——这就是意境，通过描绘，激发人们的想象，升华人们的思想，从而将自己的思想带给读者。

最后一个层次就是真正的升华，通过研究这首诗的意境，真正理解这首诗想要表达什么，从而体会作者当时的心境，明白作者写这首诗想要达到的目的。

读诗如此，读书亦然。

这本书也要从四个层面来进行品读：

首先你要了解全书的结构和组成。

你发现这本书虽然结构还算严谨，组成也比较完善，但其中有不少案例都很生活化，也有不少知识点在不同的章节被反复提及，作为一本专门研究人性，研究生活的书籍来说，格调有点太低了，就如同“一片两片三四片”般庸俗。

我自然可以选择精彩的案例，罗列大量的心理学成果，给出大量的统计数据，最后再严谨地证明我的观点——然而这有什么意义？

脱离实际的案例难以让人牢记，数据推导的成果难以被应用于生活，这就是我为什么不写得深刻一些。

没错，深刻一些是可以让这本书更精彩，更有格调，然而这对于读者来说毫无作用，生活化的案例就发生在我们身边，能够让读者充分地理解，更好地记住，形而上学的大道理总是不如身边的故事让人印象深刻。

所以这本书的一切结构和内容，全都是以能够让读者学得会，记得住，用得好为目的，不追求精彩和严谨，这一点与市面上大多数同类型的书籍不同。

第二层你要通过书中的内容来理解我想要表达的观点。

比如本书中举了很多的故事作为案例，这些故事的含义是什么？这些故事是为了说明什么？

仔细阅读，我们会发现，这些故事写的就是我们的生活。

生活中的琐事总是如此，啰啰唆唆，反反复复，毫无重点，我们的生活进入了“无尽模式”，我们连写日记的欲望都没有，因为没啥新鲜的事情值得被记下来。

这些日常的小事每天都在发生，主角会换，对白会换，但情节总是老套。奇怪的是，这些事情虽然常见，却很少有人能够看清它的本质。于是书中列举了一个又一个故事，但这些故事只是场景而不是本质，本质是告诉读者，这些故事背后的那些规律——人身上有部分特质是不可变的。

生活中发生的事情为什么会不断地反复？发生过的还会再发生，说过的还要再说，为什么会变成无尽模式？大多数人的生活就是这样，有的人喜欢到处旅游，就是为了寻找新鲜感，本质上是为了逃离这种“无尽模式”，更换环境（旅游）只是治标不治本的方法，因为我们最终还是要回到生活中去，所以我们要寻找更本质的方法，来跳出这种“无尽模式”的怪圈。

这个无限循环之所以产生，是因为人们对幸福的贪婪和对痛苦的恐惧，解决的方法有两种，要么跳出来，打破这个无限循环，要么在其中享受，体会其中的幸福。

第三层你要由点及面，就好像从画面到场景一样，从书中的个例推广到自己生活中的方方面面，简单来说，就是要弄明白以后遇到这种事情该怎么办。

首先人要认清自己身上不可变的部分。

为什么要认清自己身上不可变的部分？因为人是不可以离开这个世界而单独存在的，就像鱼离不开水，植物离不开土壤。既然如此，我们该如何认识世界？认识世界的三个方面分别是“自己如何看别人”“自己如何看自己”“别人如何看自己”。

从这三个方面逐一分析，我们发现自己看自己是不会变的，自己看别人也是不会变的，别人看待自己还是不会变的，所以我们说人要认清自己身上不可变的部分。

知道了这一点之后，要么选择看透，跳出来；要么选择看懂，乐在其中。

跳出来就是当大家都陷入恐惧的时候，能够跳出来鼓舞众人，引领大家走出恐惧。

而乐在其中就是当大家都恐惧的时候你也恐惧，因为你知道，这个时候就应该恐惧，不需要因此觉得羞愧，该欢乐的时候欢乐，该忧伤的时候忧伤，不必要求自己做得完美，超脱众人。

简单来说，看懂了人也就能够融入人群，而看透了人就会成为引领者。

需要注意的是，跳出是不参与其中，但不参与不代表我们要丢掉追求；享受是乐在其中，但乐在其中不能随波逐流。

看清了人不变的本质，是选择看懂，过舒服幸福的生活，还是选择看透，成为出类拔萃的精英，就看你自己的选择了。

但不管如何选择，都不会在生活中迷惑，或者看不清，当不存在迷惑之后，生活中还有什么事情是难办的？生活还有什么好恐惧的？

第四层你要明白这本书的真正意义，帮助读者认清世界，走出困境，只是这本书最表层的意义，它真正的意义是引导群体的升华，引导认知的变化，引导社会的进步。

若是一群人都看到了这本书，都知道了人身上有部分特质是不可变的这个道理，他们还会那么较真，那么倔强，那么固执吗？遇到事情还会对抗到底，声嘶力竭吗？

会有路怒症？一言不合转头就走？友谊的小船说翻就翻？夫妻之间大打出手？父子之间反目成仇？我想不会了吧？

乱因若去，社会岂能不和谐？

若得如此，我写这本书的目的也就达到了。

后 记

读书要有好心态

传说在很久很久以前，蝉是不会飞的。

有一天，一只受伤的大雁坠落在树下，蝉救起了这只大雁，并且悉心照顾它，大雁伤好后决定报答蝉，于是就问蝉有什么愿望。

蝉说很羡慕大雁会飞，想要学会飞翔，大雁欣然答应。

然而学会飞翔并不容易，开始几天蝉还能认真学习，很快就开始松懈，一会儿东张西望，一会儿到处乱窜，每次大雁给它讲解飞翔的技巧，蝉听不了两句就开始不耐烦，一边说着“知了，知了！”一边跑远了，大雁劝它尝试坚持远远地飞，蝉飞了几尺，就自满道：“知了，知了！”又去玩了。

大雁看在眼里，默默地叹气。

很快秋天到了，天气开始转凉，大雁振翅而起，直上百里，往南方飞去，蝉奋力鼓动翅膀，只飞了几尺，就坚持不住，落了下来。

只能看着大雁远去的身影，默默后悔：“迟了，迟了！”

此后，后人为了警示，给蝉起了个俗名，叫“知了”。

读书其实并不是一件简单的事情，当你希望能够通过读书有所收获的情况下尤其如此。不会读书的人，读了再多的书，都不会有进步，只会不断坚定自己原有的想法，犹如訾食者不肥体，因为他们都习惯带着自己的想法来读书，那么自然觉得符合自己想法的内容才是书中的真意，而与自己想法不符的部分都是糟粕，长此以往，读万卷书只能让自己变成一个自满自大的老顽固。就好像故事中的蝉一样，不断地说“知了，知了”但是根本就一窍不通。

而另一种不会读书的人喜欢断章取义，对他们来说，读书就靠臆断，因为他们总是大概地翻一翻，就对一本书下结论，就算从头读到尾，也是粗粗略过，只在自己感兴趣的地方稍稍认真，对书中的内容细节认识不清，全靠主观臆断，读书时错把冯京当马凉，对于这种人来说更是家常便饭，管中窥豹，盲人摸象得出的结论自然是与事实偏了十万八千里。就好像故事中的蝉，只飞了几尺就觉得自己已经学会了飞翔，结果大雁振翅百里的时候才发现自己只能飞几尺。

所以读书之难，在于两点，一是虚心放空，二是坚持认真。

读书要有一个好的心态，理想的读书心态，一方面要倒空自己思想的杯子，就像李小龙说的那样:“清空你的杯子，方能再行注满，空无以求全。”另一方面要坚持认真，体会书中的内容，不要盲目地肯定或者否定书中的内容，放空自己，读下去，整体理解之后再来看待这本书中的内容，也许会有新的体悟。

读书的两个难点，总结来说，都是心态，一个是虚心，一个是恒心，简而言之，读书要有一个好的心态。

实际上保持这种心态也是一种能力，正如福特汽车公司的建立者亨利·福特曾经说的:“任何停止学习的人都已经进入老年，无论他是 20 岁还是 80 岁；坚持学习的人则永葆青春。”当一个人开始故步自封，那么他就已经开始衰老了。作为生活在信息时代的现代人，并不像以前的人那样，需要主动寻求知识，现在大量的知识和信息充斥着我们的生活，几乎没有人能够真正地隔绝知识，所以进入衰老期不再成长的标志不是不再学习，而是不再虚心接受与自己不一样的理念，不再认认真真地从头到尾理解一本书。

读书真功夫

功夫大师李小龙曾经说过：“修炼功夫的目的不是致力于击破石块或木板，我们更关心的是用它影响我们的整个思想和生活方式。”

功夫如此，读书亦然，读书不是为了彰显自己的博学多识，或者为了达成“一年之内读完多少本书”的成就，所有形式的知识最终意味着自我的认知（这句话也是李小龙说的）。

所以读书亦是一种修行，修行需要端正的态度，去掉浮躁之后沉静的心灵，简而言之，这种心态与空杯心态类似，并不是要求读者一味地否定已有的知识和认识，而是要怀着放空过去的心态，去接受新的知识。

调整好心态之后，就可以开始阅读了，但是如果想要达到最佳的效果，在正式开始阅读之前，还是需要做一些准备，就像本段的标题——读书也是需要真功夫的。这种真功夫不仅仅包括阅读之前心态的调整，也包含阅读前、中、后的各种方法和技巧。

其实中华文化博大精深，“功夫”一词所包含的含义是非常多的，首先它有“时间”的意思，这很好理解，不论哪一种称得上是“功夫”的本领，都需要大把的时间。除了“时间”，功夫还有一个含义是“努力”，老话说“只要功夫深，铁杵磨成针”中的“功夫”就是指的努力或者精力的投入。最后，“功夫”字面上的意思是“武术”，就是那种外国人天天嚷嚷的“Chinese Kungfu”。

读书上的功夫也有这三重含义，既要有时间的投入，也需要精力和汗水的浇灌，最后还要像武术一样，为了使自己投入的时间和精力不至于被浪费，或者说能够取得最大的效果，就需要有套路，有理论，有方法，内外兼修，才能有所收获。

接下来，就让我们从“功夫”的角度来了解如何更好地读书吧！

前面提到，功夫的特点是有套路，有理论，有方法。提到“套路”，家喻户晓的莫过于“程咬金的三板斧”，斧子的套路是比较简单的，一般来说分为三大类：“扫”“劈”“削”。读书的套路也是如此，首先要“扫”。

扫是横扫，即大面积地涉猎和筛选，我们生在信息时代，书籍的印刷非常容易，每一天印刷出来的书籍数不胜数，而电子书籍的传播更是简单，在有网络的情况下，把一本鸿篇巨制同时发给成千上万的人并不是难题，除了印刷和传播容易，书籍的“生产”也变得非常快捷，现在的网络小说作者每日更新万字的比比皆是，完成一篇百万字的“大作”连大半年都用不了。

在这种情况下，知识的量多了，平均的质却低了，而且现在流行“标题党”，那些触目惊心，激起阅读欲望的标题，内容却难符其实，这种现状造成的结果就是，资讯发达了，我们很难找到自己想要的知识。

这时候就需要扫，大面积、多方位地了解，找到自己想要的知识。

这就像是在学习武术时，都会了解人体上不同部位之间的区别，因为同样的力气用在不同的地方会有不同的结果。同样是一拳，打在胸口可能只是疼一下，打在太阳穴上可能就会危及生命（传说“镇关西”就是被鲁提辖一拳打在太阳穴上送了性命）。在读书这件事上，选择不同的书籍能够得到的收获也不一样。

对于有历史底蕴的书籍，需要通过“扫”的过程来追本溯源，比如《红楼梦》，我发现身边很多人能够将不同版本的《红楼梦》电视剧说得头头是道，却从来没有读过《红楼梦》的原著，书籍的影音化会经过很多的艺术处理，很多情节与人物可能与作者原意相差甚远，这时候就需要追本溯源，找到原汁原味的书籍来读，才能真正了解这些知识。“扫”过一遍之后，这些知识的源头自然就会显现。

而对于那种不存在历史底蕴的书籍，比如近现代的一些著作，则需要做好选择，因为它们既不会有很多的版本，也很少被改编为其他艺术形式。这种情况下就突出了选择的重要性，因为在读书这件事情上，真的是选择比努力更重要，选对了书，读一本胜过读几百本。而选的过程就是通过“扫”来甄别哪些是我们需要的知识，哪些是我们不需要的知识，明辨之后才能哺其糟而歠其醨。

简而言之，扫的目的是锁定目标，所以读书之前“扫”的过程是必不可少的。

读书套路中的第二招是“劈”，找准目标，深入钻研。

看书和阅读是完全不同的两个概念，看书只能说你认识了书上的字，而阅读则是读者与作者之间通过文字作为桥梁进行思想上的交融，这种交融才是获取书中知识的最好方式，这就很形象地解释了高尔基的那句名言：“读一本好书，就像是在和许多高尚的人谈话。”

想要达到这种与作者跨越时间与空间进行思想交融，就需要“劈”——深入地阅读。《庄子》有云：“吾生也有涯，而知也无涯，以有涯随无涯，殆已！”生命的长度是有限的，人不可能一辈子都在读书，更不可能读完所有的书，所以我们要有取舍，有选择，有选择就会有重点，而重点，就是我们要“劈”下去的地方。

有这样一则故事：

有一位年轻人想要出去闯荡，拜别了父母之后，特意去寻找村里的智者寻求祝福，当年轻人找到智者时，智者正在练字，听了年轻人的来意之后，智者写下九个字分别装在三个锦囊里，送给年轻人两个，并嘱咐年轻人：“当你到达目的地之后可以打开第一个锦囊，而当你觉得内心迷惑的时候，打开第二个锦囊，至于这第三个锦囊，就先放在我这里，等你回来的时候再给你。”

于是，年轻人捧着两个锦囊离去。

到达了一直向往的大城市，年轻人迫不及待地打开了手中的第一个锦囊，里面有一张纸条，上面只写了三个字——“不要怕”。

十年后，年轻人事业刚开始有点起色就被大城市的灯红酒绿迷了眼，几个不三不四的朋友推荐给他一个赚钱快的好“路子”，年轻人非常心动，好在他终于回忆起了智者的锦囊，急忙打开之后只见上面写着——“不要变”。年轻人仔细思考了一阵之后，想起了曾经的坚持和最初的目标，于是狠下心来没有参与这条“路子”。

三十年后，年轻人已经步入中年，事业有成，也经历了许多快乐和悲伤，终于决定回到家乡，到了家乡去拜见那位智者，却被告知智者几年前已经离世。不过智者仍然拜托家人将最后一个锦囊交给他，他打开一看上面仍然只有三个字——“不要悔”。

每一个真正会读书的人都会选择精读几本书，他们会把这几本书珍藏起来，在人生的不同阶段去慢慢地深入解读，你会发现一本好书在不同的人生阶段来读，收获是完全不一样的，就好像是智者赠予的锦囊一般，在出发前告诉我们不要怕，在迷雾中告诉我们不要变，在繁华落尽之后告诉我们不要悔。

当从不变的文字中感受到不断改变的思想，才算是“劈”了下去，才算是深入地理解了这本书，才能够真正地把一本书读通、读懂。

读书“套路”的最后一招叫作“削”。

削，轻而浅，薄而远，层层递进，只取所需。

“削”和“扫”相近，都是大范围的“打击”，但两者的不同之处在于“扫”的目的是选择合适的知识，而“削”的目的是迅速地获取浅层的知识。

前文中提到，信息时代书籍浩如烟海，在选择基本适合的书籍深入阅读之外，还需要有大量的浅层涉猎的书籍，尤其是一些工具类书籍，其中的知识对于我们来说，没有钻研的必要，但需要掌握或者了解（这就好像我们考驾照时只需要我们学会开车，而不要求我们会造车一样）。这就需要用到“削”这一招了。

读到这，也许有些读者会迷惑，前面讲心态的时候不是说，读书的时候要坚持认真吗？“削”这一招不是与“坚持认真”的心态背道而驰？

其实，两者并不冲突，坚持认真的含义是在阅读的时候不要歪曲作者的原意，而“削”这一招则是用来迅速获取书中的浅层知识，尤其是那种即学即用的工具类知识。

“削”的精髓就是会而不精，快而不乱，迅速地从大范围内获取知识，构成认知体系，不需深入钻研，只要了解即可。

除此之外，“削”的方法也可以用于突破阅读困境，什么叫阅读困境？

有时候我们会发现，读一本书读不懂——明明上面每个字都认识，组成句子，拼成段落之后就不能理解了。当出现这种情况时，就是陷入阅读困境了（当然你指着一本英文书告诉我，上面每个字母你都认识，但是拼在一起你就不懂的这种情况不属于阅读困境）。

实际上阅读困境属于理解障碍的一种，这种情况下很多人会觉得一筹莫展，比如一些哲学类书籍，或者比较抽象的概念描述，这种时候就需要用“削”字诀来解决问题了，“削”的精义就是层层递进，从最基础的逻辑开始，一层层地分析，首先理解外层最简单的含义，然后进一步，再进一步，到最后就发现，原本难以理解的内容就变得非常清楚明白了。整个过程就像剥洋葱一样，需要耐心和毅力，洋葱被剥开总会辣眼睛，想要理解晦涩的内容也需要付出代价，忍受枯燥的逻辑梳理和投入大量的时间是必需的。

当然这一切都是值得的，你会发现，随着“削”字决用得越多越熟练，你的逻辑性也会越好，对于类似内容的理解也会越容易。

说完了读书的套路，接下来就是读书的理论。

武学之道，讲究刚柔并济，读书之道，讲究知行合一。

知行合一，才是精进之道，毕竟读书的目的不是为了学，而是为了用。这个“用”有很多方面，解决问题是一种用，达成追求是一种用，认知自我也是一种用，从最简单的学会某个方法解决某个问题，到学到某种观念建立自己的三观都在学以致用的范围之中。

但学和用的关系不仅仅是学只是为了用，同时用也是为了学，学和用之间互相促进，才是精进之道。学了知识却不运用（或者不会运用）那么实际上就相当于没有学，对于读者自身来说也没有进步，而对某种知识用了之后却不会反思，找出可改进的空间进一步学习，那么这种“用”就永远停留在表面，永远不会“精”。所以学而不用就不会进，用而不学就不会精，学和用本为一体，也就是知行合一。

这种学和用的一致性才是读书的理论，如武术中的刚柔并济一般，看似对立或者属于两个方面的内容，实际上本质是一样的，认识到这种一致性，才能真正地掌握阅读的真谛。

最后再来谈一谈方法，武术有方法，读书亦然。

武术中的方法并非指的招式（实际上前面我们已经涉及过招式的内容了），而是指的技巧，比如说对力的运用，这就是武术中最基本，也最重要的技巧。

有一种理论认为，武术中对力的运用可归纳为“发劲”和“化劲”两种（当然我们研究的是读书的方法而非武术的技巧，所以对于其中的内涵与区别我们不必深入研究）。

简而言之，发劲就像是“用”，是把学到的东西从知识化为结果的过程，而化劲就好像是学的过程，把外来的知识化解掉，用不到的部分卸掉，用到的部分转化为自己的力量（也就是借力打力）。

发劲的方式分为“腰胯力”和“丹田力”两种，其中“腰胯力”类似于外功，就好像是读书时简单粗暴的拿来主义，现学现卖，即学即用，优势是简单有效，成长很快，缺点是适用面窄，并且达到一定程度之后难以精进和提高。

“丹田力”则类似于内功，属于学以致用的过程，优点是学到的知识在很多情况下都可以用，适用面很宽，并且能够根据自身情况灵活运用，效果会更好，也更容易达到“精通”的程度，缺点是用的精力多，花费时间长。

读书中的化劲，要求化书中的知识为己用，想要学以致用，最难的就是一个“化”字，就像是武侠小说中的“吸星大法”，最难的不是把别人的内功吸进来，而是吸进来之后怎么化为己用。

实际上想要将书中的知识化为己用方法并不复杂，只需要两个诀窍——复述和面对质疑，复述很好理解，其原理与前几年非常流行的复读机类似，复述的过程实际上就是消化书中知识的过程，随着这一过程的加深，你也会自觉或者不自觉地开始梳理自己的认知，并将书中的知识真正纳入自己的认知，什么时候你的复述能够让别人认同，那么离彻底掌握这些知识就不远了。

此时就需要进行第二步，面对质疑，当人们面对一个新的理念或者知识的时候，大多数人的第一反应都是证伪，而非接受它（这类似于一种心理保护机制，实际上这种机制导致许多的机会从我们眼前溜走，不过这并非这段内容的重点），此时就会产生质疑，当你向别人复述学到的知识的时候，别人就会质疑，那么你就可以开始解答，这一过程中你会本能地找到自己知识上的漏洞并把它隐藏起来，只要事后反思一下，就可以很容易地找到这些薄弱之处并予以弥补，同时质疑你的人质疑的过程实际上也是在帮你寻找漏洞，如是几次之后，这些知识就会真正地融入你自身，成为你的一部分，至此，化的过程也就结束了。

最后，“化”成功的标志是能够举一反三，将学到的知识真正地融入自己的方法论或者自我认知中。

读书的功夫不仅仅是这些，但是我在这里描述得已经够多了，其他的内容就需要读者自己在实践中体悟了，因为即使基础相同，每个人对阅读这件事情的理解也是不一样的，最适合自己的功夫也需要自己来摸索，以上的内容只是给每一位读者提供一个开始阅读的参考，希望对大家有所帮助。

事的逻辑与人的逻辑

本书中讨论了天理与人心，逻辑与事实，精神与物质，从人性的角度，我们已经阐述得够多也够详细了，可以说，人的逻辑我们已经非常清楚了。

然而想要真正应用这本书中的内容，还需要了解事的逻辑。

对于人和事逻辑的研究，最初起源于我小时候的一些经历：

小时候家乡附近的砖窑里会出产一种砖红色的模子，上面印着各种人物形象，关公、武松、齐天大圣……很受村里孩子们的欢迎，那时候，谁手里的模子多，会受到其他孩子的追捧，只不过，这种模子要四五毛钱一个，对于村里的孩子来说，可不是一笔小钱。

当时我也属于想要模子但是没钱买的那种孩子，看着小伙伴把玩这些模子，羡慕之余我想到，这种模子的原料不就是泥巴吗？制作的过程似乎也只有烧制，好像没什么难度的样子。于是我就开始尝试烧模子，借别人的模子做出倒模来，然后用泥巴做一个模子，找一些干草之类的作为燃料，开始尝试自己烧模子。

很快我就发现事情不像我想象得那么简单，随着加热，所有的模子都裂开了，黑乎乎的碎成好几片，就算是比较完整的，也会有一两条长长的裂纹，轻轻一碰就碎了。

第一次烧制行动失败了，但放弃可不是我的性格。

很快我就找到了突破口，我带着失败品去找父亲询问原因。

“不是所有的土都能烧成模的，你要学会选土。”父亲说着，带我到附近的一个小山包上找到了一片黏土地：“像这样的黏土才能经得起烧，一般的土是烧不出模子来的。”

这是我第一次体会到“选择”的重要性，不合适就是不合适，强求不但事倍功半，也不一定会有好结果。

用了黏土之后，烧出模子的过程都很顺利。前面我提到过，按照村里的市价，这种模子要四五毛一个，我烧得多，于是将每个四五分卖给同村或者邻村的小伙伴，可把身边的小伙伴乐坏了，我也“生意兴隆”了好一阵子。

当然，我烧出的模子和市面上卖的那些模子还是有一点区别的，我烧出的模子是黑色的，而且有明显的烟熏痕迹，因为市面上的模子是用烧砖的法子烧的，燃烧得很充分，全都是漂亮的砖红色，两种模子摆在一起，颇有一种正版和山寨版的感觉。

我当然是不爽的，谁也不希望自己辛辛苦苦做出来的东西仅仅因为颜色而被人当作是次品。于是我就想烧出一个和市面上一样的模子，多方尝试无果的情况下，我再次去请教父亲。

父亲一针见血地指出问题所在：“说到底你还是没选对，除了选土之外，你还要学会选火。”

“选火？”我实在是不知道火应该怎么选，难道火还分好几种？

“当然，不同的东西烧起来的火是不一样的，如果你想要烧出砖红色的模子，就要学会选火。”

我恍然大悟，所谓的选火实际上是对燃料的选择。

于是进一步追问：“拿什么东西烧合适呢？”

父亲摸了摸我的头，笑道：“那种硬木，盖房子用的那种，你去问问你二哥，他家前段时间盖房子好像剩了几根。”

选择的问题解决了，其他的都不难，我依言而行，从二哥那找到了盖房子剩的硬木，换了火之后果然烧出了色泽纯正的砖红色模子。

那个时候的我懵懵懂懂，只是觉得选择很重要，似乎想要做成一件事情，每一个细节都需要进行选择。

大概本书中的思想的苗头就是在儿时烧模子的火焰中萌生的吧。

另一个对我触动非常大的事情发生在我上小学的时候，语文课上老师讲了一篇课文叫作《我要的是葫芦》讲的是一个人种葫芦的故事，课后我对种葫芦产生了兴趣，平时挺常见的葫芦，真没想到种起来这么多说道。

于是我央求家里人给我拿了一些葫芦种子，找了个不用的大铝盆，打算用来种葫芦，填土的时候忽然想起了要选土，既然要选，那么就选最好的土——黏土吧！

于是，我在一大盆黏土中撒下了种子，再浇点准备好的雨水，完美。

满怀期待地等了几天以后，连芽都没发。

我挺疑惑，选择了啊，土选的是最好的土，水用的是无根水（那时候乡间传言无根水是最好的），种子也是精心挑选的，为啥长不出苗来？

秉承着不懂就问的原则，我又一次求教父亲。

听了我的叙述之后，父亲看着黏土盆笑得前仰后合，好半天才说道：“谁告诉你黏土是最好的土了？”

“可是烧模子……”

“没错，黏土是最适合烧模子的，但不代表它是最好的，不同的土适合干不同的事情，没有所谓最好或者最坏，这才是选择的意义。”父亲抽了口烟，继续道，“种葫芦你要选择那种松软的黄土才好。”

我当时有点懵懂，但还是理解到自己似乎选错土了，于是费力地把那一大盆黏土抠出来，又找了一盆黄土，撒下种子，浇水，果然很快就冒出了芽。

之后的一段日子，我就每天都看着它生长，但是它长得好慢，我见家人种地都是要施肥的，于是就找了点化肥，用之前特地请教了父亲，确认葫芦是可以用化肥的，于是抓了一大把撒下去，然后浇水，期待着明天能看到它飞速生长。

结果第二天只看见一根枯萎的葫芦苗——显然是不活了，伤心之余，我决定抱着那一盆枯死的苗去找父亲讨个公道——“你不是说葫芦可以用化肥的吗？”

听了我的质问，父亲似乎是原本想笑，但是看着我认真的（也许是快要哭出来的）表情之后，又憋了回去，温言道：“好东西也要注意用量，化肥用多了就是这个结果。”

虽然又一次失败了，但我自然是不会认输的，我抹了一把脸，向父亲伸出手讨要一些种子，想要再来一次。

父亲摆摆手拒绝道：“适合种葫芦的时间已经过去了，现在种啥都长不出来，等明年春分吧。”

最后，我那一年连个葫芦样儿都没见着，直到第二年我才成功种出了葫芦。

从那以后，我开始懵懂地认识到，选择的不仅仅是种类，时间和度的把握也很重要。

如今几十年过去了，这几件事我一直记得很清楚，小时候的体悟总是不够深刻，如今再回过头来看这些故事，我发现每一件事，不论大小，它的背后总是既有常识又有逻辑，不清楚常识，就会处处碰壁，搞不懂逻辑就难有结果。

这就是事的逻辑，事的逻辑不像人的逻辑一样复杂多变，是有一个固定的套路的，可以说，结合人的逻辑与事的逻辑，分析事情，也就不会再迷茫了。

我们并非对世界了解太少

前段时间，我在知乎上看到了著名作家马伯庸的《新志异》系列故事中的一篇，叫作《安公》，好像是这一系列故事中的第十篇，我觉得很有意思：

江南有一位学者叫作安源之，人称为“安公”，他博闻强记，精研博物之学，天下奇物异种没有不认识的，即使是古代的张茂先、达尔文也不过如此了。

有一年端午前夕，城外一户董姓人家的公子得了奇症，屡屡恶语向人，并没有一日停息。无论中西医师都被怼得羞惭而退，并不能使他痊愈。有人说，这大概是邪物作祟，药石难以发挥效用，要请方正的君子前来攘灾才行。

董家人备下重金，请安公来董府驱除邪祟。安公见到董公子横卧在榻上，头骨萎缩，状如核桃，唯是嘴巴雄伟阔大如同平板电脑一般，占了脸部七分有余，样貌骇人。安公自报了姓名，董公子张开嘴嘶声喝道：“天下姓氏几千，你如何不姓邓？”

安公并不以为意，温言说希望能竭尽自己劣马和钝刀一样的庸碌才能，为公子诊治。董公子又是冷笑：“劣马是牲畜，钝刀是器物，岂能混为一谈，你这样的言辞难以表达意思，只会引人嗤笑而已。”安公长揖道：“这无非是修辞的谦称罢了。在下的见识固然不及华佗，但也有手段可以施展。”

董公子大怒：“为何你只说不及华佗，难道自以为比孙思邈还要高明吗？药王仁方医人无数，广得景仰，你也配蔑视他？”安公并不回答，先用指头叩董公子的颅顶，发出“硿硿”的声音。他又取出手电，请他张嘴。董公子复又大叫：“你来堵我的嘴，一定是被说中痛处，哑口无言！呵呵。”言罢手舞足蹈，如将军得胜归朝一般。

安公请几位仆役按住公子，掰开他的大嘴，探头观看。这张大嘴的内部，如同未央宫一样宏阔深邃，一眼无法尽览，在咽喉处似有一条椽柱横亘，扼制齿、舌之间。

安公退出之后，负手在府中往复察看。他忽指别院一扇小门问道：“此门何以无闩？”有仆役回答前日门杠不翼而飞，尚未补做。安公连连拍门叹道：“是了，正是这样了。”

董家父母连忙请教缘由，安公道：“脑萎而嘴阔，无思而多言，公子是被府上一条门杠成精，横在了咽喉，吸尽脑中精髓，这才有如此乖戾之行。这杠精乃是六合之外的一种奇物，凭怨气而凝，凡事无不可杠之者，以此为生。宿主往往不自知，还以为皆发于本心，自觉言之成理。”

董父大奇：“区区一条门闩，哪里来的怨气？”安公还未回答，董公子张开大嘴，那椽柱忽做人言：“昔日你们董府要做喜事，来东山采伐了九棵大树，一一锯做直杆，拣了八根用作花轿的抬杠，独剩在下一根未用，架在后门。在下自经伐锯，已有了杠灵，见众木俱得抬杠，独自己德薄未能入选，日夜嗟叹，怨念深切，不得已窃据了贵府公子的头颅，以弥补憾事。任凭你寻什么人来，只会让在下畅怀一杠罢了。”

说完之后，杠精复又退回咽喉深处，难以摘除。董家父母哭泣着请教禳解之法。安公道：“来者愈多，杠精越欢，反哺得它气焰茁壮。不过天然造物，阴与阳总是相济协生。蛇出没的地方，十步之内，必有解毒之草。杠精活跃的场所，附近也必有克制它的物品。这正是天道运转的道理。”

他吩咐董府上下，将府中所有键盘无论茶、青、红轴，尽数焚毁，又拔除网线，搬走了电脑与移动设备，强行关闭了附近移动与联通的“九层浮屠”，断绝了内外交流。那条杠精栖身在董公子口中，既无键盘施展，又无流量浏览，一身杠气无处发泄，日积夜聚，数日之间竟然活活憋死了。

安公从公子咽喉处夹出杠精的尸体，果然是一根如椽巨杠，通体憋紫。安公感慨道：“宁杠而生，不杠会死，果然它最畏惧的，就是旁人不理睬它啊。”

城中听闻这个消息，纷纷称赞安公深谙人心。后来董公子花了数年调理，行动如常人，只是大脑杠得太尽，难以考取功名，只好转而炒股，反比伶俐人赚得多些。

我的朋友柳子明听到这件事，评论说：“范文正公形容灵乌，说它宁鸣而死，不默而生，与杠精颇有可比拟之处。只是它毕竟没有灵乌那么高的德行。”

宁杠而生，不杠会死，这也成了很多键盘侠每天奋“斗”不息的原动力。他们对待一个事情的第一反应是，先杠了再说。

所以我们需要重新认识这个世界，重新认识自己，重新认识别人，不成为人云亦云的愚者，也不做自以为是的杠精，而是让自己的人生向着自己追寻的目标前进。

在追寻人生价值的道路上，我们经常会感到迷茫，找不到方向，在研究人性的课题的时候，我一直在思考的一个问题就是我们是不是对世界了解得太少了？

但人都有眼，有耳，现在通信又如此方便，科技又如此发达，我们对世界的认识越来越深入，但很多时候却反而不如古人活得明白。

那时候，我开始意识到，我们不是对世界了解太少，而是对自己了解太少。

正因为对自己了解太少，所以不够勇敢，不够果断，不管事业还是生活，总是患得患失，缩手缩脚。因为你自己都不知道自己到底想要什么，自然就什么都不想放弃，不放弃又怎么能得到？所以就一直处在被动选择和被迫放弃的状态中随波逐流。

当今社会，资讯发达机会众多，但是个人价值却越来越难以实现，所求所想难以达到，本质上不是因为外在的条件、技能不足，而是对自己的了解太少了。

这种了解，首先就是对追求的了解，简而言之，你要知道自己活这一生，到底想要什么。如果连这个问题都解决不了，又何谈能够成为自己的主人？

达·芬奇花三年时间不是为了画鸡蛋，而是为了看清自己的内心，如果不能忍受三年枯燥的重复，不能坚持精益求精，那么又如何知道自己内心中对于绘画之道的坚持和笃定？

孔子被尊为圣人，但纵观他的一生，可称得上是颠沛流离，境遇凄惨。但孔圣人的一生又是为了什么呢？功名利禄唾手可得的时候，他选择放弃；生活优渥放在眼前的时候，他选择放弃……甚至万世之师的美名也是后人强加给他的，孔子的追求里根本就没有成为“圣人”这一项，他的坚持，他的选择，都是为了追求自己内心的道。

孔子一辈子的所作所为，所有的选择和放弃都是为了当自己内心的主人。

庄周梦蝶，孔子仗剑，老子骑牛出函谷；孙武归隐，范蠡挂印，菩提树下佛成骨。唯有对自己足够了解，才能够看清自己的道路，也就能够坚持自己的选择，如此才称得上是自己的主人。

也许追寻的道路并不顺畅，也许努力的结果并不理想，但这些都不会影响一个人灵魂的伟大与闪耀。请记住，不管世界怎么掠夺你，只有选择做自己的主人这一项，它是夺不走的。